THE SERIES
OF FRONTIER

科技前沿书系

SCIENCE
&
TECHNOLOGY

科学革命与
卡文迪什实验室

阎康年　著

山西出版传媒集团
山西教育出版社

引　言

本书是就科学革命理论问题和从科学革命的观点观察卡文迪什实验室的贡献两个方面，着重分析和写出的。从纯科学史的观点研究科学革命，特别是现代科学革命，有着重要的意义，因为这种研究来自科学发展的实际进程。从科学革命的观点观察在现代科学革命全过程中起过主力军作用的卡文迪什实验室及其科学家们的地位和作用，有助于该项研究的具体化和深入。也许这两点构成了本书的特色。

关于科学革命，著述浩如烟海，看法纷纭，各有优点和不足，本书试图从科学革命应具有明确的代表性理论体系着眼，通过对卡文迪什实验室在现代科学革命中起的重要推动作用，展开具体的分析，如此可能更有助于对两者的深入了解。卡文迪什实验室曾经以现代科学革命的主要中心之一、人才苗圃和世界的物理学家圣地著称，出过一个科学组织所能培养的最多的诺贝尔奖获得者，达25人次；产生过4个皇家学会主席、6个大英科学促进协会主席；奠基了电磁理论、原子物理、核物理、X射线晶体分析理论、分子生物学和非晶体半导体理论等；发现过电子、元素的人工嬗变、中子、正电子、重氢核聚变、金属结晶费米面、血红蛋白和肌红蛋白大分子结构、DNA双螺旋结构、类星体、脉冲星、非晶体和有机聚合物半导体材料等；发明过云室、质谱仪、X射线摄谱仪、射电望远镜和加速器等。这些重大的发现、发明开拓了很多现代科学新领域，在现代科学史上有着划时代的重大意义，因而大大地推动了现代科学革命的进程。

已经发生的两次科学革命，都是从观测或实验着手，在天体和原子两个极端的物质存在形式上展开了物质观和物质组成理论的根本变革，因而首先从本体论上改变了人类的自然观和科学观。卡文迪什实验室在揭开原子内的微观宇宙方面作出了决定性的重大贡献，它的发展史是沿着物质的微观组成的科研路线展开的。步步深入，层层揭示，从无机界到有机界，从非生命物到生命物，从基本粒子到中子星，不但发现了大量自然现象，而且追踪到它们的构成、演化和遗传的机理，对现代科学革命的产生与发展起了重大的作用，从而涌现出了一代代名载史册的伟大科学家。从科学革命的观点看待和评价他们的贡献，可能更贴切和适当些。

为了进一步探讨这些问题，笔者借1988年至1989年赴剑桥访问研究的机会，访问了前卡文迪什教授A. B派帕德爵士。在一次谈话中，曾经谈起自己在对卢瑟福和J. J汤姆森研究方面的工作和看法，这些工作在张文裕教授给他的推荐信中已经谈到过。笔者提出，应当从现代科学革命的观点观察他们和卡文迪什实验室的地位、作用和贡献，这一意见意外地引起了A. B派帕德的很大兴趣，十分支持笔者做这样的尝试，并且在后来给笔者的信中建议要做就“作出成果来”。他们这些话，一直萦绕在脑海中，并一直为此做着准备。

1993年8月，笔者有幸出席了在西班牙的萨拉哥萨召开的第19届国际科学史大会，在物理史组会议上宣读了《原子论框架的突破与现代科学革命》论文，文中就科学革命判据、科学史分期和代表性科学理论体系的观点做了说明，并且对国外已有的科学革命理论，特别是T. S. 库恩的“范式”理论的缺陷提出了不同的意见，引起与会者在会上和会下的很大兴趣。现在，在这本书中将这些理论和笔者的几点看法介绍出来，并且按照A. B派帕德教授的劝导，从现代科学革命的观点对卡文迪什实验室作出的推动这次革命的人和事，摘其首要者做了重点的介绍和说明，希望通过该室这个生动个例的具体剖析，从科学管理的角度对该室在现代科学革命中的作用加以阐述。

通过这本书，笔者不是要系统介绍卡文迪什实验室的历史和在各个方面的成功经验，因为这些内容在笔者的一本专著《卡文迪什实验室：现代科学革命的圣地》中做了比较全面的和系统的说明，而是就该室在现代科学革命中作出的重大贡献，以及有关的人和事，进行具体的分析和说明，以期从中得出一些规律性的东西，有助于对现代科学革命和总的科学革命研究做深入的展开。据笔者所知，尽管科学革命理论的研究和著述是很多的，但是在这种理论的创新研究和真正从科学史方面具体进行研究却并不多见。特别是从一个在某次科学革命过程中始终起过重大作用的科学家和科学组织的具体事例角度，展开详细分析和说明的著作仍还是一个空白，也许这本书可以在这些方面具有新的特色，希望能够引起大家的兴趣。

对于科学与文明的5000年历史长河来说，现代科学革命才短短100年，可谓是短暂的，卡文迪什实验室又只是一个科学组织，自然有其局限性。但是，从现代科学在科学史上的高深、精确、复杂、严密和重要性来说，它的特殊重要意义和现实作用是很大的。从卡文迪什实验室的重大贡献和产生了名载史册的科学家之多来说，解剖这个实验室对于深刻了解现代科学革命的进程又有其特殊的意义，会使人们深入地了解物质观和物质组成理论是怎样在这次科学革命中进行变革和得到发展的，并且从中可以看到J. J汤姆森、卢瑟福、W. L. 布拉格等及他们的学生和助手在现代科学革命中所起的重要作用，以及他们所处的重要地位。

这本书是在上述意图之下所做的一次尝试，只是由于笔者对卡文迪什实验室近期研究具体情况了解欠缺，又很少资料可供查询，以及与前期相比它的近期在现代科学革命中占有的比重稍有降低，因此仅就要点做了说明。该书的出版如果能够对我国的科教兴国和科技现代化的实现起到一定的作用，提供某些有益的借鉴，对笔者而言就是一大安慰。由于该书在很多方面做了一些探索和尝试，存在问题和不足在所难免，望广大读者批评指正。

阎康年

目 录

一

科学与科学革命

科学革命的研究随着近代科学的迅速发展，越来越引起自然科学界、社会科学界和科学哲学界的关注，特别在科学史、科学学和科学哲学等诸学科中产生了极大的兴趣。这种关注和兴趣在震撼人心的法国大革命之后，从政治革命的观点出发扩展到科学领域上，不少学者试图从科学的基本观念、理论和体制的根本变革考察科学的动态发展，以期得出一些规律性的看法。显然，这样的研究不论从科学本身的内在发展规律来看，还是从科学与社会的关系来看，都是十分重要的。如果考虑到科学发展的不平衡性、上升的周期性和阶段性特征，以及在发展阶段上存在质的差异、在科学革命时期划时代的科研成果涌出和人才辈出的明显现象，研究科学革命就更加重要了。

科学革命研究对于科学史工作者而言，有一个科学史分期及各个时期的特点和规律问题，如果能够搞清楚与科学革命有关的一些基本概念、判别科学革命产生的主要标志、各次科学革命的特性和代表性的科学理论，以及各个时期的基本发展规律，对于科学宏观发展的研究及其社会影响，有着很大的理论与现实意义。

也许出于上述这些原因，在第一次世界大战之后科学和技术取得快速发展的时候，科学革命的研究成为学术界的热门，各种看法、理论和科学史分期的方法如雨后春笋，旧波未平，新波又起，到1960年之后几乎成为知识界人人皆谈的重大课题。但是，在这种热潮之中，难免泥沙俱下，使人们目不暇接，看法也莫衷一是，公说公有理，婆说婆有因，混淆人们的理解和视线，有必要进行比较深入的说明。为此，本章介绍与此有关的几种说法，并且介绍了几点新的看法，供读者们有个一般性的了解。

对于科学革命看法的分歧，归根结底来自对科学和科学革命如何理解，不同的理解和认识就会导致不同的看法和科学史的分期。因此，有必要分别说明如下：

1. 什么是科学和科学革命

对于一个科学概念，人们可以从不同的角度进行理解和下定义，这是习已为常的现象。但是，在限定的研究范围内，则基本上只有一种理解和定义是最佳选择，这也是做学问的人所熟悉的。由于本书说明的是科学发展的历史及其各阶段的科学特征，那么从这样的观点出发，科学和科学革命的概念就应该加以限定或确认。为此，将两者分别做如下的说明：

① 什么是科学？

尽管很多搞科学的人天天在做具体的科学研究和教学，但是在谈到究竟什么是科学时，却往往感到茫然。有些人认为科学是一种活动，它像人类活动的其他方面一样，是人们认识和了解自然进行的一种活动而已。我们知道人类的活动实在是太多了，如果从活动的观点来理解或定义科学，那么它与人类无数的活动种类的区别也只在于如何了解自然上，因此忽视了科学的发展在今天已经成为决定人类生存与发展的重大作用的性质。有的学者认为，科学是人类认识自然及其规律的学问，这是有一定道理的，因为迄今的科学发展无非是属于这样的探索的学问，但是认识自然及其发展规律是每项科学探索所共有的，我们总不能说每一项这样的探索得到的认识都是一种科学，因而陷入泛科学论。我们说，科学不仅是认识某种自然现象及其变化规律，而更在于在获得了它们的感性知识之后，必须上升为理性的知识，也就是只有使这种认识形成系统的知识之后，才能够上升为科学，这应该是科学与经验和感知的主要区分。因此，我们说科学是关于自然现象及其变化规律的系统化了的知识的总和。

科学是积累的系统实证知识。G. 萨顿认为，如果人们将科学定义为系统化了的实证知识，那么他们就必须牢记“实证知识的获得和系统化只是人类的活动，这种活动是真正积累的和进步的，那么人们就会立刻理解这些学习的重要性”。[①] 这种说法的意思是说，科学只能是经过实证的并且系统化了的知识，凡是未经实证的如假设、假说、命题和推理都不能看作科学，这显然是不对的，例如原子论在科学实验上证实原子存在（1908 年）之前，不但有了两千多年的漫长历史，而且通过牛顿和道尔顿（John Dalton）将原子论引入科学，并予以科学化，已经成为一种科学理论。可见，假说是科学产生和发展的重要前提。有些学者错误地理解萨顿的上述名言，误认为萨顿将科学定义为一种活动，这显然与萨顿的原意不符，因为他认为实证知识的获得和系统化才是人类的一种活动，而不是指科学知识本身是一种活动而言的。此外，仅仅某项科学知识，即使它是实证了的和系统化了的，还不能说成是科学，而必须是系统的很多知识的总和才能构成科学。J. D. 贝尔纳认为，“科学是时刻增长的知识集合体”，“科学为一种建制、一种方法，又为许多经验日渐成长而更加有组织的集合”[②]，也就是说科学是知识、方法、经验和科学管理体制的总和。但是，他忽视了经验管理体制与科学的本质区别，

---

① “Sarton on the History of Science”, ed: by D. Stimson, Harvard, (1962), P. 1.

② J. D. 贝尔纳著伍况甫译：《历史上的科学》，科学出版社，1981 年，第 18 页。

而“集合体”与系统化的总和又有差异，所以这种理解科学的方法还不够严密。美国技术史学奠基人之一 M. 克兰兹伯格（M. Kranzberg）则说“科学可看作人了解客观世界的一种企图”，① 我们知道科学并不是人类的一种打算和企图，而是在探索和思考之后知识化了的东西，它不是某个企图或尝试，而是理性化了的、确认下来的、系统的知识的总体。

通过上述种种说法可以看出，对科学的理解有着多种多样的说法，但是说得概括些和更严谨些，科学应当是人类认识自然现象及其变化规律的系统知识的总和。如果将技术理解为关于制和做的系统知识和技艺的总和，则可以发现科学是关于人认识自然的，技术则是关于人制造和操作的知识和技艺的，二者迥然不同，却有密切关系。

② 什么是科学革命?

对科学概念的不同理解，自然带来多种不同的科学革命说法，如美国的科学史奠基人 G·萨顿（George Sarton）认为科学的发展有如人之登楼梯，是一种科学知识递增的过程。他的弟子、哈佛大学科学史教授 I. B. 柯恩（I. B. Cohen）认为科学革命是由一个个科学发展的小步伐总和而成。爱因斯坦（Albert Einstein）说科学革命往往发生在科学基本概念的根本变革。科学学奠基人 J. D. 贝尔纳（John D. Bernal）认为科学革命是关于描述自然的一种图像被另一种图像所取代，而许多科学观念的改变就构成一场科学革命。美国前科学史学会主席 S. G. 布拉什（Stephen G. Brush）认为科学革命是科学知识导引的世界观的根本变革。英国著名科学哲学家 K. 波普尔（Karl popper）认为科学革命是已经建立的科学理论被新的科学理论合理地推翻。

---

① M. Kranzberg and C. W. Pursell: “Technology in Western Civilization”, New York, (1967) P. 5.

这些具有代表性的看法分别从科学的概念、观念、理论和图像的变革观察科学是否发生了革命。目前，关于科学革命颇有影响的看法是美国科学史学家和科学哲学家 T. S. 库恩（Thomas S. Kuhn）在 1962 年提出的科学结构范式理论，按照这种看法科学革命是非积累性的，系由一种科学结构的范式全部或部分地被新的范式所取代，简单地说科学革命就是范式的变革。但是究竟什么是范式呢？他有 22 种以上的说法，使不少学者抓不住范式的实质内容。其实，他说的范式是一个哲学概念，由科学的概念、范例、模型、科学共同体的意见等等构成的集合体。这个看法是有一定道理的，但是他的范式概念无所不包，使人难以具体理解，特别在用到科学史的分期时难以掌握。

按照近些年来，我国科学界和科学哲学界的理解，可以用中国的自然辩证法百科全书中的说法：由科学前沿的新发现和崭新的科学基本概念与理论的确立而导致的科学知识体系的根本变革。这个说法综合了科学发现、基本概念和理论三个方面，由它们引起的科学知识体系的根本变革才产生了科学革命。可见，科学知识体系的变革才构成一次科学革命。

我们知道，科学理论来自科学观测和科学实验，历次科学革命前后的科学知识体系都是以前后两个时期的科学观测和实验的发现为根据建立起来的，如果新的观测和实验的发现的事实与旧的科学知识体系发生了矛盾和背离，就说明过去的科学知识体系出现了它无法说明的事实。开始时，往往靠扩大和推广（有时是部分修改）旧的理论来包容它，但是到了修修补补无法解决问题时，旧的知识体系便发生了危机。为了解决这场危机，许多新的科学理论纷纷出现，只有等到建立起新的能包容所有新的科学发现的新科学知识体系出现时，才算全面完成了新的科学革命。此后进入新科学革命的发展期，直到新的科学危机出现而导致更新的科学革命。

这样看来，一次科学革命是以一定时期内的科学知识体系为标志的。从哥白尼（Copernicus）在1543年发表《天体运行论》开始的近代科学革命到牛顿（Isaac Newton）在1687年发表《自然哲学的数学原理》，一般认为属于近代科学革命时期，因为出现了牛顿力学体系。到1895年，德国物理学家伦琴（Wilhelm Konard Rontgen）发现了X射线，继而接连发现了放射性、电子、镭、量子论、相对论、原子核和原子有核结构，以及出现了崭新的量子力学，这样密度很大的重要科学发现接踵而至，使经典的科学概念和理论发生了根本的变革，出现了现代物理革命。在物理革命之后，又出现了天体演化理论、宇宙大爆炸理论和发现了DNA双螺旋结构，分子生物学诞生了，使这场科学革命从非生物界扩展到生物界，到今天还没有出现能够包容这样广阔领域的代表性科学知识新体系。目前有许多关于现代科学革命的说法，大多数科学家认为现代科学革命的形成期尚未结束。也就是说，我们仍处于现代科学革命的时期。

一般说来，科学革命是科学发展历史的阶段性分期的标志，这一点是公认的，因此才使科学革命的研究引起科学界的极大关注。

③ 科学史的分期问题

按照前述的科学革命是由科学前沿的新发现和崭新的科学基本概念与理论的确立而导致的科学知识体系的根本变革，而新科学概念和理论又是以新的科学观测和实验的发现为基础的，那么新的意义重大的科学观测和实验上的发现便成为一次新科学革命的先导。从既往发生的科学革命来看，这样的科学观测和实验上的发现往往发生在物质组成上，例如哥白尼的日心地动说是由天文观测太阳系的结构和运动关系与古代的托勒密地心说不符而产生的，而19世纪末的三大发现（X射线、放射性和电子）也都是关于物质结构的。再考虑到物质观在哲学上属于本体论，而运动、相互作用、时间、空间和方法论不过是以物质的存在为本的，因此我们可以说一次科学革命起始的时间基本上是按照物质组成的重要实验发现为起点的，因为这样的发现具有揭示旧科学知识体系的局限性和在新情况下不适用的后果，因此，科学界和科学哲学界把近代科学革命的起点定在哥白尼提出日心地动说的1543年，把现代科学革命的起点定在伦琴发现X射线的1895年。此外，因为一个新的科学革命是以新的科学知识体系的出现为标志的，当新的科学知识体系出现时便宣告了旧的科学知识体系被取代了，所以用新科学知识体系的形成作为判断新科学革命完成并进入发展阶段的标志。因此，科学界把牛顿力学体系的形成的时间1687年作为近代科学革命的终点，把此后至19世纪后期看作近代科学革命进入发展的时期。由于现代的科学知识体系只表现在1930年前基本形成的物理知识体系上，而其他学科的知识体系尚处于量的形成阶段，到目前尚未出现标志性的新科学知识体系，所以我们说现代科学革命尚未完成，这样的看法得到大多数学者的赞同。

2. 科学革命诱发了思想解放运动

前面谈过，当旧的科学知识体系遇到了它无法解释和包容的一系列的新观测和实验现象而产生深刻危机时，便爆发了旨在根本变革旧的科学概念、观念和理论体系的新科学革命。一场新的科学革命一旦发生，根据许多新的观测和实验发现带来的科学观念的巨大变革，往往限于科学范围内，因为科学观念总是与哲学、宗教和意识形态联系在一起的，对一定的历史时期来说这种联系实际上形成了一个比较稳定的网络，科学要革命和发展必须冲破旧的思想和观念的束缚和框架，因而往往带来一场新的思想解放运动，以便为科学革命的发展铺就思想和观念上的道路。

就近代科学革命来说，它产生于哥白尼提出的日心地动说，同时也就否定了旧的亚里士多德——托勒密地心说，因而触及了罗马天主教会及其御用的经院哲学，在它们信奉的至高无上的“天”上造了反，引起了仇恨和迫害。哥白尼临死前在床上才敢将写就9年后的《天体运行论》出版，随之带来严禁出版和发行的命运。布鲁诺（Brudno）拥护哥白尼的学说，并把日心说扩大为多日心说和主张宇宙无限，罗马教廷便将他活活烧死在罗马的鲜花广场。伽利略（Galileo Galilei）用自制的望远镜观察到土星有4颗卫星，并追踪观察到这4颗卫星绕木星旋转一周的现象，因而以事实证明了哥白尼学说，便遭到罗马教廷的审判。后来，他又写了《关于哥白尼和托勒密两大世界系统的对话》，在国外出版后又遭到教廷的审判和终身监禁。牛顿在1687年出版了《自然哲学的数学原理》（简称《原理》）这本名著，提出了运动三定律、万有引力定律和宇宙系统论，引起英国教会及其在科学界的卫道士们的猛烈攻击。他发明微积分中的无限小概念被污蔑为“鬼魂”，因而四处受攻击，被搞得患神经病一年多，一连几周无法入睡。尽管由于时代的局限性，他们在生活中不能不信仰宗教，但是他们在科学上，特别是牛顿，用自己的科学理论证实了凡是科学原理所到之处上帝并不在起作用，而只把上帝推到初创世的地位。正是牛顿使自然科学从宗教的统治下开始解放出来，将自然科学从自然哲学中分离出来而成为独立的科学。有大量的证据说明，牛顿在晚年并没有陷入唯心主义，他在《原理》出版后，与自然神论代表人物J. 洛克（Johe Locke）配合，对原始基督教义做了大量的考察，其目的是为了揭露罗马教廷违背原始基督教义，对其进行歪曲和捏造，愚弄人民，造成了大量的祸害和弊端。他在《给一个朋友的信》中，就这个目的做了明确的说明，这封长达一本小册子的信由于英国国内情况不能出版，而被一位朋友（可能是洛克）送到信奉新教的和第一个实现资产阶级革命的荷兰出版，但是几经交涉，在那里出版商仍有受迫害的危险而退稿，直到牛顿死后多年才能出版，但是，近代科学革命燃起的烽火，越烧越旺，科学界终于抛弃了经院哲学和亚里士多德——托勒密体系，导致了近代天文学、物理学、化学、生理学和生物学的建立与发展，这些都是近代科学革命在科学上引起的新思想运动的结果。

以牛顿为代表的机械论科学观从一开始就与笛卡尔（Descartes）的以太说机械观相矛盾，以牛顿的力学和宇宙论为代表的新科学通过法国的伏尔泰（Voltaire）和德国的莫泊丢（Pierre L. M. Maupertuis）等人的采纳和宣传，很快地兴起了法国的启蒙运动和德国的康德（I. Kant）学派。席卷欧洲大陆的机械唯物论的蓬勃发展，导致了法国百科全书学派的兴起，以狄德罗（Denis Diderot）为代表的法国百科全书学派就是牛顿的科学和科学思想的信徒，由于他们的作用终于导致法国大革命的出现。一个科学观念和科学理论的建立，结果诱发了一次政治制度的大变革，充分地说明了科学革命掀起的思想运动产生了多么巨大的社会影响。

从现代科学革命出现之后，在科学思想上出现了冲破传统的物质组成思想和观念的重大变革。延续了两千多年的原子不可分和不可变的原子为最小组成单位的框架，在发现电子和放射性元素的原子自发分解和衰变之后，终于瓦解了。原子核的发现和原子核的人工嬗变又揭开了核物理和基本粒子物理的序幕。原子能的发现和人工大规模释放原子能，从根本上改变了人类的能源观念，由核物理观点的出现导致的天体演化理论改变了近代天文学。传统的、千古不变的质量观和绝对的时空观，在相对论出现后变成时、空、质量相互联系在一起的新观念，时空连续区和场论出现了。传统的因果论和决定论由于量子力学的出现，在微观领域内变得失效了，让位于测不准关系和不决定论。甚至神秘莫测的生物遗传问题，由于基因论和DNA双螺旋结构的发现，而变成可由科学解秘和人工修复与改变的了，“上帝创造世界”的思想也由于宇宙大爆炸理论的出现和逐步得到验证，而使神创论的最后一个堡垒濒于瓦解之势。由此可见，现代科学革命掀起的科学思想运动有多么深刻了。

现代科学革命又使人们对科学技术在社会发展和哲学观念的看法发生了重要变化，科学技术是社会发展的第一生产力的提出，形象地概括了它对社会的本质作用。今天的哲学已经不再是仅靠思辨和思维所能左右了，起主要作用的是科学发现和技术发明，实证论和现象论的流行明确地反映了这个新的趋向，而辩证唯物主义的发展也是由现代科技的发展与变化规律所决定的。“五四运动”提出的“科学与民主”的口号，“科技现代化”和“科教兴国”在我国已经深入人心，它们也反映了现代科学革命在我国所引起的深刻变化。

科学革命之后会出现新的思想运动，在过去的两次科学革命之后的实际情况中得到证实，就其性质和实质而言，这也是一个带有规律性的现象。

3. 科学革命导致了技术革命和产业革命

科学革命、技术革命和产业革命在今天已经成为人们熟知的术语了，也有称科技革命的，因为在现代科学和技术往往联系在一起，在环节上难于分得清楚，可是严格地说三者毕竟是在不同范围内发生的现象。

这三种革命在性质上有什么关系呢？它们在时间上是否彼此衔接或逐次展开的呢？它们在内容上又有什么区分呢？这些问题是广大读者感兴趣的，有必要在这里予以说明。

从近代和现代的科学、技术和产业的发展来看，普遍认为确实发生过这三种革命，而每次科学革命之后也确实发生了相应的技术革命和产业革命，那么它们是否在每一个层次上一一对应地发生呢？初看起来好像是这样，但是实际上关系还是比较复杂的，因为一次科学革命之后可能出现两次技术革命，这在下面将予以说明。

技术革命是人类改造自然过程中关于制造和操作的系统知识和技艺的社会性根本变革，产业革命是以生产工具和设备的变革为基础引发生产过程、产业结构的变革，并最终导致生产行业的社会性根本变革。

近代科学革命发生之后，在18世纪导致蒸汽动力技术革命。例如，在牛顿力学体系出现之后，近代科学在各个方面取得了蓬勃的发展势头。这种发展一方面表现在理论力学、热力学、电磁理论和各种应用力学上，也表现在道尔顿原子论、进化论和细胞理论上，因为牛顿力学体系包括了理论力学、粒子理论和决定论的方法论等；另一方面则表现在机械、蒸汽机、内燃机、电机和机床等的发明和发展上，因为这些机械和动力装置的发明和设计，都必须运用牛顿力学进行思考和计算，也就是说蒸汽动力技术和机床技术是在牛顿力学的应用和诱发下发明的。近代以蒸汽动力技术为代表的第一次技术革命发生在英国，即牛顿的故乡，在科学技术交流不发达和信息技术落后的时代这几乎是必然的。如果说近代科学革命发生在1540—1690年间，则近代第一次技术革命就发生在英国工匠纽可门（Thomas Newcomen）研制成单作用式蒸汽机的1712年至瓦特（James Watt）发明双作用往复式蒸汽机的1782年之间，因为只有双作用往复式蒸汽机才能够用作机器的动力，这就是以蒸汽动力技术为代表的近代第一次技术革命。由于这次技术革命的带动，第一次产业革命从1760年制成水力纺织机械开始，到1830年机床、火车、轮船等已经发明，而进入机器大生产时期止，这就是著名的英国工业革命。英国借助它的先进科学、技术和产业革命积累的知识、技术和经济财富而大大富强起来，雄踞世界各国之首，以其船坚炮利使世界上许多国家沦为其殖民地，成为日不落的大英帝国，甚至从鸦片战争之后打败了东方大帝国清代王朝，而使中国沦为半封建、半殖民地国家。在近代科学革命之后，在19世纪进入这次科学革命发展时期的新高潮，也是在英国由法拉第（Michael Faraday）在1831年发现了电磁感应和发明了电机之后，从此开始了电力技术革命，直到1889年美国人泰斯拉（Nikola Tesla）发明了交流电动机，才使交流电大量用于电动力上，这段时间就是电力技术革命时期。如果把近代第二次产业革命看作生产电气化，则从爱迪生（Thomas Alva Edison）在1881—1882年制成第一台发电机开始，到1914年初步实现电力生产的半自动化（以流水线的出现为标志），就形成了第二次产业革命。

现代科学革命发生之后，以微电子和信息技术为代表的第三次技术革命从电子计算机在1946年发明开始，由于晶体管的发明和集成电路的出现，使这次技术革命蓬勃发展起来，至今方兴未艾。微电子——信息技术革命表现在生产上，就是全自动化大生产的出现，出现了以全自动化生产为标志的第三次产业革命。这次产业革命是以电子计算机控制的无人全自动化生产线、车间和工厂的出现为标志，大约出现在1975年左右，到这时加工中心、自适机床、群控机床和自动生产线早已出现，只是向组合和全自动控制迈进了。80年代和90年代，出现了柔性制造系统和CIMS系统，CIMS（Computer Integrated Manufacturing System）的中文意思是计算机集成制造系统，这个系统是将人、技术、经营、信息和物流优化集成，使生产过程进入电子计算机辅助设计和无图纸生产的新产业发展阶段，目前这种发展势头非常迅猛，正彻底改变着生产的面貌。

由此可见，科学革命一旦发生，便推动了相应的技术革命和产业革命的出现，使人类的科学、技术和产业发生了崭新的变化，科学革命在知识上的威力可谓很大，使知识转变为巨大的物质财富，因此邓小平同志说科学技术是第一生产力。

4. 科学革命深刻影响了人的思维方式

科学革命在近现代科学史和社会史上的重大作用，必然对人的思维方式甚至行为方式产生很深刻的影响。

近代科学革命产生时面对的是经院哲学的天主教教条和亚里士多德——托勒密的科学体系，应该说这些思想上的和科学上的体系在罗马教廷的强制推行下，已经变成神的意志和僵化不变的教条，紧紧束缚住人们的思维和思维方式。人们的行为方式只能是对上帝和教会完全信奉，按它们的教条为人处事，稍有违犯小则“告解”，大则处以极刑。要反对这种思维和行为方式，最有力的办法就是事实，对于科学来说就是观测和实验，因为观测和实验发现的事实是雄辩的。所以，仅仅文艺复兴古希腊和古罗马的艺术是远远不够，近代科学革命的历史功绩就在于告诫世人只有经过观测和实验发现的事实才是真正可相信的，才是思维和行为的准则。正是在这个认识基础上出现了 F · 培根（Francis Bacon）的实验哲学，这个哲学倡导实验才是认识的唯一依据。由于培根的实验哲学深入人心，在 17—18 世纪中成为科学家治学和人们的行为准则，因而出现了牛顿的实验——归纳——公理化的治学程式，牛顿说“我不做假设”主要指的是这个意思。

思维方式由盲目相信宗教信条转变为根据事实去推理和归纳，也就是由宗教迷信转变为机械唯物论，是人类思维方式的一次重大进步，没有这个进步那时的世俗的人不可能由宗教的奴婢转变为独立思考的主人。这种转变又与封建制度中产生资产阶级革命是相适应的，英国的资产阶级革命就是在宗教改革运动、自然神论的影响下，在牛顿科学观点的作用和手工业者的觉醒与资本主义经济的发展的影响下发生的。与此相类似，由于机械唯物论和人文主义的深刻发展，自由、平等和博爱的口号在法国的思想界扩展开来，爆发了具有代表性的法国大革命。应该说，法国大革命和此前的荷兰与英国的资产阶级革命，都是在近代科学革命改变了人们的陈腐观念和思维方式之后才诱发出来的。

现代科学革命在思维和思维方式上的影响更加深刻了。例如，经典的物质观限定原子是不可分和不可变的，这个框架束缚科学于宏观领域，而随着原子的打破和分裂，又使科学进入了微观领域，科学家要说明宇观和宏观的一切现象，开始以原子物理和核物理的观点进行。由于相对论时空观的出现，人们对时、空、物质、运动之间的关系的看法，开始抛弃了孤立的和片面的思想方法，用联系的思想方法去思考。至于不确定论的出现更使传统的因果论思维方式改变了，有了相互依靠和互补的思想方法。信息论和系统论的出现，使人们从信息的观点看待科学、技术和生活中的通讯问题，电子计算机的发明和普遍应用，把一切都纳入信息的传递和处理范围。计算机网络和信息高速公路更使系统论的观点具体发展成系统的方法论。事物的现象受很多相关的因素所制约，往日那种一个个因素分析的方法有如只见树木不见森林，必须进行各种因素联系在一起的系统分析，才能见其真实面貌，因此系统工程便应运而生。信息论和系统论是现代科学革命带来的重要思维方式的变化。

现代科学革命还在科学和哲学上产生了实证论和现象论，这两种理论是与近代思维方式中的神创论和唯心论相对立而产生的，凡事首先强调能否得到实际证明，如果得不到实际证明就认为是不真实的和虚假的。例如，19 世纪 80 年代出现的马赫（Ernest Mach）的经验论和实证论，只相信感性而不相信合理的理性推断，未找到经验或实验证实的证据时，就认为它们是不存在的。从这种观点出发，他反对了原子论，否定原子和分子的存在，认为它们只是假设和空想。但是，十几年之后，原子和分子的存在在科学实验中证实了，这些人又不得不承认它们的存在，而这种承认却又是羞羞答答和反复无常的。这个例子告诉我们实证的思维方式有重要缺陷，而演化为相信现象的现象论，现象论与实证论不同之处是不断然否定发展成熟的科学观念和理论。辩证和唯物的思维方法和观点在本质上是科学发展的一大进步，是科学发展的成果之一，这一点是应该肯定的。

现代科学革命的影响表现在社会变革上也是很大的，它使资本主义制度只有沿着既有利于资本家也要给劳动者以生存余地的道路发展，使无政府主义的自由竞争与宏观的经济计划相结合，以避免动乱、经济危机的发生和提高生产率，这种不得不面对现实的政策在一定程度上促进了资本主义社会的发展。对于社会主义制度而言，往日的教条主义碰了壁，而采取了社会主义初级阶段多种经济并行发展和国营企业实行股份制的政策，在僵化的计划经济失利之后，又实行社会主义市场经济的政策，这就是在宏观调控的条件下实行市场经济和按照价值法则行事。总之，按照科学的方法和科学的机制，根据科学实验和现实的真实情况进行思考和决策，已经成为当今世界各国的思维准则，这不能不说是现代科学革命在思维方式上带来的重大变化。

5. 科学革命间接地影响了人的生活方式

我们说的科学革命，主要讲的是基础科学上的革命，而基础科学的革命主要影响的是科学观念、概念、理论和方法的变革，它直接影响了思维的方式。但是科学革命能够通过它诱发的相应技术革命和产业革命深刻改变人的生活方式，特别表现在衣、食、住、行和信息交往上，甚至表现在文学、艺术等许多方面。

近代科学革命使人们摆脱了宗教迷信和封建的各种观念和教条，而变得相信事实和实验了。这种观念的变化适应了技术工人、手工业者和商人的要求，因为这些靠自己的手进行创业的人们，在这种思维模式和观念影响下，可以通过自己的主观努力去创业和发财致富，这就是为什么蓬勃发展起来的欧洲宗教改革运动越来越变得激进，而终于产生了英国的清教运动。清教的伦理是上帝创造人就是为了创业和创造财富，因而必须劳其筋骨，苦其心志，过苦行僧式的生活，进行发明和创业，以求在人世间过得舒适些。清教的这种思想和伦理很快取得知识分子的拥护，变成手工业者和商人求进取的精神支柱，正是靠这样的精神才取得了英国产业革命前后的无数发明和创造。牛顿实际上是个信奉自然神论的清教徒。自然神论就是力图摆脱神创论的早期唯物主义学派，清教徒是英国资产阶级革命的主力军，因此有一位前苏联的科学家说，英国的资产阶级革命是喊着清教的口号进行的。发明蒸汽机的纽可门和瓦特是清教徒，英国皇家学会刚建立时的68 个会员中有 49 个是清教徒，法拉第、斯蒂芬森等都是以清教精神去进行科学研究和技术发明的。所以，英国早年的科学、技术和产业的发展是以清教为精神支柱的。蒸汽机、纺织机、机床、火车和电机的发明与发展，带来了有史以来的机器大生产，使交通的距离变得相对缩短了，使他们在不到 100 年中积累的生产力超过了过去世代的总和。农民转变成工人，集体工作和纪律性大大增强了，生活也由早期的贫穷和劳累不堪而变得轻松和初步满足，生活方式在衣、食、住、行上都有了较大的改进。随着占领国外市场和殖民地，其中有不少平民变成了那里的移民和管理人员，生活自然有了很大的改进。

在 19 世纪，由于电磁学的发展从理论走向应用，开始了生活电气化的进程，如 1831 年法拉第发现电磁感应和发明电机之后，1836 年在美国出现了 S. 莫尔斯（Samuel F. B. Morse）发明的电报。电报在发明后经过不断的改进而用于通讯，改变了往日仅靠通信交流信息的局面。1867 年，英国的 W. 汤姆森（William Thomson，即开尔文勋爵）主持了跨大西洋海底电缆的铺设，导致跨大西洋的电报通讯。1876 年美国的 A. G. 贝尔（Alexander Graham Bell）发明了电话，经过十几年的时间，电话成为城市内外通讯的工具，在 1915 年横跨北美大陆的远程电话线路建成后，电话开始取代电报而成为主要的通讯工具。

在蒸汽汽车出现之后，出现了内燃机汽车，特别是汽油发动机车的发明，使短途运输大大发展起来。如果说 1903 年美国莱特兄弟发明的飞机，尚属于第二次科学革命和技术革命的产物，则它预示着地球上的距离相对地大大缩短了。1875 年，爱迪生发明了电灯，1881 年他又在纽约珍珠街建立发电站，使电照明开始取代油灯而造福于人类。

仅仅这些涉及生活的变化，可以看出近代科学革命对于人类的生活方式产生了多么大的变化。

现代科学革命伊始的 X 射线的发现，在 1896 年就使我国的李鸿章在日本下关中的一颗子弹头在 X 射线检查和定位后，经过手术取了出来，成为我国身受这项发现好处的人。1896 年发现的放射性，在 1910 年居里夫人建立巴黎镭研究院之后，成为医治肿瘤的手段。1897 年发现了电子，开始了电子时代，1904 年发明了二极电子管，成为无线电通讯电子元件的鼻祖，而两年后发明的三极电子管在 1915 年用作电话声音放大的续话器后，迎来了跨北美大陆的电话通讯。1925 年电视的发明，开始了声像远距传递和播送的时代，以至于人们在家中可以观看新闻图像和文艺节目。

从 1928—1936 年，喷气式飞机的发明，导致近音速和超音速飞机的出现，不但改变了第二次世界大战的性质，而且为战后的民用航空事业的发展提供了更快速的工具。在第二次世界大战前从我国到英国，乘轮船需要3个月的时间，今天只要9个小时就可以抵达。地球在现代科学技术面前空前地缩小了，人类的交通工具因为汽车和飞机的迅速发展而大大地改变了面貌。

1946年电子计算机的发明意味着信息科技时代的来临，1947年晶体管的发明和后来集成电路的发明与发展，使微电子科技进入了突飞猛进的时代。电子计算机由计算炮弹的弹道发展到机床和生产线的自动控制，历时不到20年，却使生产管理人员和工人的工作和生活条件发生了巨大的变化。到了80年代，计算机与通信结合、联网和网络化，以及传真机的推广使用，不但使通信、通话和可见图像电话（电视电话）有了巨大的发展，而且通过网络化和信息高速公路，人们可以在自己的办公室及家中与各方面的人和单位取得联系，甚至可以从计算机上调出各种图书、资料和很多动态的信息。随着电话、传真机、复印机和计算机网络的发展，办公电气化和在家中上班已经提到日程上来。

现代科学革命直接和间接地改变着人类的生活方式，并且几乎使所有的人亲身感受到了这次革命带来的冲击和好处，以至于使人们带着亲切的感情谈论科学革命了。

从近代科学革命产生至今，才经过了四个半世纪，四个半世纪在人类的历史长河中，不过是暂短的一瞬间，但仅仅发生过的两次科学革命，就在人类的思想、观念、生产、思维方式和生活方式上产生如此大的变化，以至于使人人都感受到科学和技术的巨大威力和带来的好处，不能不说是个奇迹。科学是人类在不同的时间和地点作出的发现，它已经无私地超越了高山大海而传遍有人的各个角落，已经成为人类的共同财富，所以人们常说科学是国际的。科学的特点之一是发现优先权，谁有了新的发现，谁就希望迅速发表以为世人所知，而取得这种优先权，所以它不像技术发明那样有专利费和专利权，更不像生产的产品有经济价值，科学发现确实是无私的和国际性的，但只是到了本世纪，才出现了科学的国际性说法。科学革命造福于人类，已经成为人之共识，但是科学成果利用不当，也会造成灾祸，例如氯的发现是化学上的一大成就，但是第一次世界大战中德国在战场上施放毒气——氯气，造成了很大伤亡。发现细菌，是生物学上的重大进展，但是用细菌来大规模杀人则是第二次世界大战中日本军队在我国犯下的罪行。日本在这次大战中的倒行逆施，招致了两次原子弹的袭击。原子能的发现是人类发现巨大新能源的重大贡献，它的大规模释放和利用对发电和远距离航行的动力是很有利的，但是用它来制造原子弹、氢弹，会造成几十万甚至千百万人的伤亡。即使和平利用不当，也会造成放射性辐射而使数以万计的人受到伤害。此外，化肥本来是为了使农作物更好生长而发明和发展起来的，但是化肥的不当使用，会带来益虫的死亡，若其随水流入江河湖塘，会使水质受到污染，导致鱼虾死亡，农药的不慎使用也会造成同样的结果。由此看来，科学本身应该是人类文明发展的极其重要标志，但是如果科学成果用之不当反而会伤害人类本身。因此近几十年来，有些科学家提出了科学是福还是祸的问题，如果照一般的看法科学是为人类的幸福而发展起来的，可是随着科学的发展祸害也在漫延。如果说科学是祸，那么谁还会大力发展它呢？这个在国际上提出和讨论了几十年的问题，不应该从科学本身去找出答案，因为福和祸是因使用它的目的和效果而区别开来的。科学应该按人类的需要大力发展下去，而对于那些企图利用科学成果去伤害人类的任何做法必须从法律上、道义上予以制止，至于那些由于无知和不慎而造成的意外伤害，应该从教育着眼进行说服和教育。总之，造成祸的不是科学本身而在于利用科学成果的人。

这样说来，科学革命是不以人们的意志而产生和发展的，它在整体上促进了人类文明的极大发展。

6. 现代科学革命发生前的卡文迪什实验室

蓬勃发展起来的英国产业革命，暴露了英国的科学发展的一些严重缺点。一方面是在牛顿的力学体系建立之后由于科学家们对牛顿的治学道路顶礼膜拜而纷纷投入理论力学和数学的研究，使英国成为数学和理论物理之邦，出现了畸形发展的局面。另一方面科学家脱离产业革命的实际，置技术于不屑一顾的地位，好像技术不是科学，搞技术或科学应用于技术就是降低了科学的地位，造成蓬勃发展起来的和席卷英国的产业革命只是工匠和手工业者活动的领地。这样一来，孤芳自赏的理论科学家们不断地受到产业革命提出的一系列需要解决的紧迫问题的冲击，这对于新一代的青年科学家来说怎么也看不下去了。但是，在欧洲大陆却在 19 世纪早期出现了另一种科学局面，法国大革命之后，在教育方面实行了废除封建特权的资产阶级教育革命，培养出一代应用科学家，使世界科学中心从英国转移到法国。由于欧洲大陆产业革命的兴起，在法、德两国兴起了实验科学，特别在实验物理方面势头很迅猛，使沉溺于理论科学的英国青年一代科学家感到很大的震惊。在这种情况下，国家的科学地位和牛顿力学在实验上遇到越来越多的无法解释的新现象，使危机感空前地加深了。英国的物理学向何处去？成为新一代青年物理学家不得不思考的大问题。

① 皇家学会掀起了改革运动

以 C. 拜贝治（Charles Babbage）为代表的英国青年皇家学会会员在这场危机面前再也沉不住气了，就联合起来倡导对皇家学会进行改革。他们一方面著书立说揭露皇家学会的会员年龄老化，很多人几年不出一篇论文，甚至不懂或不大懂科学的贵族高居皇家学会的席位；另一方面趁 1830 年皇家学会主席改选之机，掀起拥戴年轻有为的天文学家J. F. W赫歇尔（John F. W. Herschel）和物理学家法拉第（Michael Faraday）为皇家学会主席，但是他们的努力在竞选中以微弱的少数票失败了，但此举却在科学界唤醒了科学家们重新思考英国科学的未来发展道路问题。

这种改革在当时的英国只能从上到下地进行，留学法国和德国的上层知识分子如亲王等，以及成为新兴工业家的贵族知识分子子弟，由于改变了看法，影响了政府的决策，在1851年开始改革研究生体制和建立实验物理学科，以剑桥大学为试点。在第七代德文郡公爵W. 卡文迪什（William Cavendish）作为钢铁富翁和主张发展应用科学的科学家担任剑桥大学校长之后，决心推行这项改革，自己出资在剑桥大学兴建物理实验室，设立实验物理教授职位。经过反复协商决定聘请在电磁理论和分子运动理论上卓有建树的J. C. 麦克斯韦为实验室主任兼实验物理教授，在1871年成立的卡文迪什实验室，讲授电磁学和热力学并进行系统的实验教学，培养研究生，使他们成为英国第一代的实验物理人才。由此可见，卡文迪什实验室的成立标志着英国物理学进入发展实验物理的阶段，而这个转折恰好与现代物理学的实质是实验的相符合，因而为卡文迪什实验室在现代科学革命中从实验出发进行变革奠定了基础。

麦克斯韦在卡文迪什实验室历史上的主要功绩在于他主持兴建了这个实验室，订立了它的建室宗旨和方针，并开始了系统的教学和开设实验物理研究课题。在1879年他英年早逝。在同年由著名的近代声学理论奠基人和理论物理学家瑞利男爵（第三代Lord Rayleigh）出任卡文迪什教授。瑞利男爵出身于贵族世家，却对科学极其热衷，成绩卓著，曾经赴美国考察，对MIT等的实验物理教学体制十分感兴趣，回国后在自己家中建实验室进行理论和实验研究。在担任卡文迪什教授后，建立了系统的实验物理教学，如建立大班讲课制度，编写实验物理教科书，使教学和科研系统地结合起来，培养了不少实验物理学家。

1884 年，瑞利男爵的 5 年任期届满，不愿继续担任卡文迪什教授，而到家中实验室潜心研究。剑桥大学的评选委员会通过选举选定了 27 岁的年轻物理讲师 J. J. 汤姆森为第三任卡文迪什教授。这位年轻的教授由于年富力强，采取了很多新的措施，到现代科学革命开始的 1895 年，卡文迪什实验室已经有了长足的发展。首先，他将该室的研究方向从固体的电磁学实验转向气体放电研究，沿这个新的方向取得很多成绩，正是这项研究和 X 射线发现的启发，才导致他研究阴极射线并发现了电子。J. J. 汤姆森还是一位思想开放和善于学习国内外好的办学方法与治学经验的人，进行了研究生教学制度的重大改革，首次实行了面向世界招收研究生的建制，用民主讨论和发现英才的方法，把卡文迪什实验室发展成国际性的科学组织。

由于麦克斯韦和瑞利男爵倡建了实验物理教学和研究体制，更由于 J. J. 汤姆森将研究方向转到气体放电和面向世界招揽优秀的人才，使卡文迪什实验室在现代科学革命伊始之时，有准备和有组织地参与了现代科学革命，并成为这次科学革命中的主力军。

二

科学家和科学组织与科学革命

在上一章中，我们阐述了科学革命对近代和现代科学发展的重大推动作用，以致很多科学家和各界学者从科学革命的观点对近现代科学的历史进行分期，讨论各个时期科学发展的特点、观点和理论体系的变革，试图找出它们中的规律性东西。从中可以看出近代科学革命是由遍及欧洲的意大利、波兰、英国和德国等国的一些著名科学家，在各自学科中作出突破和变革古代与中世纪的科学基本观念和理论体系而发动的，也就是说主要是以科学家个人的贡献展开的。在现代科学革命中，则除了科学家个人的贡献之外，还呈现了一个科学组织作为科学家群体作出一系列重大突破和变革的特点。两者都是因为科学发展的阶段性特点和研究方式存在差异造成的。反之，当人们对于一个科学家或科学组织的贡献大小和性质进行观察和评价时，也应当从对各次科学革命及其发展作出的贡献和性质进行评价，才易于把握其实质和尺度。

根据这个道理，在我们确认了近现代科学史上出现过两次科学革命，了解到每次科学革命存在革命时期、发展时期和出现危机时期之后，就便于从这种科学革命及其发展的规律对科学家个人和科学组织的贡献进行考察。这种考察应当从代表性的科学理论体系的形成等观点着手，以便形成一些相应的准则。

1. 近代科学革命中作出贡献的主要科学家

在确定了近代科学革命从1543年哥白尼发表《天体运行论》开始，以及从牛顿发表《自然哲学的数学原理》结束，并且在这次革命之后在19世纪中叶又出现了发展高潮，就可以看出在1850年至1895年之间为什么有一些科学家在科学史上得到高度评价的原因。

由于中世纪遵奉经院哲学对科学加以禁锢和对科学家施以残酷迫害，而经院哲学又是把亚里士多德哲学的唯心部分和运动观及托勒密地心说奉为至高无上的圣典，使科学思想、观念和理论囚禁在这个僵化的和过时的框架之内，科学的发展遇到空前的灾难，变成宗教神学的奴婢，几乎陷于停止和倒退的困境之中，重大的科学变革成为历史的需要和必然。

R. 培根（Roger Bacon）试图倡导实验科学，用事实来打开缺口，但是在13世纪的政教合一和经院哲学的统治下，遭到流亡和监禁达几十年之久。他的献身不是无益的，而是在黑暗的困境中，点燃了冲破经院哲学教条的火把，因而被一些学者称为文艺复兴运动的思想先驱。蓬勃展开的文艺复兴运动拨动了科学思想萌发的扳机，但是当时被看作离经叛道的科学启蒙只能披着宗教的外衣和在教会的掩护下偷偷地进行。在意大利受到文艺复兴运动熏陶的哥白尼，在回到波兰后，利用教会僧正的身份在他舅父的教会门楼上，观察天象，萌发了批判托勒密地心说的思想，累积了足够的证据，而终于写出了《天体运行论》，并在临死前出版，而向托勒密地心说宣战，借以揭开了近代科学的序幕。这里，不仅需要勇敢和胆识，尤其需要的是符合事实的和新的、“叛逆的科学理论体系”，只有冲破陈腐的科学观念和形成新的日心地动说，才能够承担起这个重大的历史使命。哥白尼所以能够在科学史上占有如此重要的地位，就在于他在天主教和封建统治最核心和敏感的“天”的观念上，捅掉马蜂窝，引起了教会和科学界两种不同的震撼。

F. 布鲁诺（Francesco Bruno）的宇宙无限和多日心说，在罗马教皇统治的中心打起了反叛的旗帜，被活活烧死在罗马鲜花广场。W. 哈维（William Harvey）在罗马教皇统治边远的英国，提出了人体血液循环学说，触动宗教神学的另一根敏感的神经——人，掀起了生理学和医学观念的变革。G. 伽利略（Galileo Galilei）在1590年以他的自由落体实验批判了亚里士多德的运动观，被从他执教的比萨大学赶了出去。1613—1632年他又以论证哥白尼日心地动说遭到迫害和终身监禁，但是他倡导科学实验和建立了新的运动学理论，成为近代实验科学和物理学的奠基人。德国的G. 刻卜勒（Gustay Kepler）以其提出的行星运动三定律，给托勒密的地心说更沉重的打击，从而奠定了近代天文学的基础。这些科学家之所以享誉科学界几百年，就在于他们以自己实实在在的证据和科学发现，一层层地剥去了经院哲学和陈腐科学观念与理论的面纱，不断地进行批判从而建立了新的各学科的理论基础。

伟大的科学革命家牛顿，正是在上述这些近代科学家的成就基础上，从实验和理论两个方面对经院哲学进行更深层次的和全面的冲击，并且总结和推演出牛顿力学定律；用光的微粒说和物质组成粒子说将古代的原子论科学化，提出宇宙系统理论和发明了微积分，而形成了代表近代科学革命的理论体系——牛顿力学体系，从而使科学从宗教神学的统治下逐渐地解放出来，完成了近代科学革命，在科学发展史上刻下了他的不朽的名字。

J. 道尔顿（John Dalton）在1803年提出了化学原子论，使牛顿开始的原子论科学化进程进入决定性的阶段，因而在近代科学革命完成后的新发展时期内，作出了重要的贡献。M. 法拉第的主要贡献是他在牛顿的力学之外发现了电磁感应、电解定律和提出场的概念，用实验的方法和哲学推理进行了物质观和相互作用的新变革。J. C. 麦克斯韦由于用牛顿力学的质点质和统计方法处理了前人无法解决的气体分子无规则运动问题和提出了系统的电磁理论，将经典力学发展到新的阶段和领域而享盛誉。细胞理论、进化论和生物遗传因子理论的出现，使生物的组成、演化和遗传原因之秘密得到揭示，因而开拓了近代科学的新领域，这些成就使 T. 斯旺（Theodor Schwann）、J. 施莱登（Matthias Jakob Schleiden）、C. R. 达尔文（Charles Robert Darwin）和 G. J. 孟德尔（Gregor Johann Mendel）在近代科学史上留下了大的踪迹。从运动和能量的观点研究运动的各种形态之间的转化和当量关系，在牛顿的力学观点之外提供了从能态的观点看待物质的运动及其变化，而各种能态最终又以热的形态耗散，又使热量变成衡量能量变化关系的最终尺度，因而使 J. R. 迈尔（Julius Robert Mayer）和 J. P. 焦耳（James Prescott Joule）成为热功当量的提出者和发现者，使他们和 H. L. F. 赫姆霍兹（Herman Ludwich Ferdinand Helmholtz）及 W. 汤姆森（即开尔文勋爵）成为能量守恒定律的发现者，还使 R. J. E. 克劳修斯（Rudolf Clausius）和 W. 汤姆森成为热力学第一、第二定律的发现者。19 世纪末叶前后这些科学家，由于将经典科学观念、概念和理论发展到新的领域，并作出重要的发现，而称著于世。

2. 现代科学革命中的主要科学家和科学组织

前面谈到，现代科学和现代科学革命开始于 1895 年。1895 年还有另外一个分界的特点，这就是从现代科学的本质是实验的观点来说，1895 年还是科学研究方式从以科学家个人为单位，进入到几个人为一组为单位的小规模科研时期，也就是从以密封腊—线绳—玻璃器皿为实验标志的手工业式实验时期，进入以电—机械器件为标志的实验时期。这个新时期的实验研究只有成组的人合作才能更好地进行，因而出现了以科学家个人和科学组织相融合的科学时期。在这个新时期内，现代科学革命的主力们在实验上以组织为单位，在理论上以个人为单位地进行科学研究。19 世纪末三大发现（X 射线、放射性和电子）是从实验上向经典的物质观和物质组成理论进行冲击的先导，这就决定了 W. K. 伦琴、A. H. 贝克勒和 J. J. 汤姆森是现代科学革命先行者的地位。

物质观和物质组成理论在 J. J. 汤姆森提出物质的电子结构理论（1897）和布丁—面包原子模型（1904）之后，开始向原子内的微观物质组成新领域扩展。1902 年，E. 卢瑟福和 F. 索迪（Frederick Soddy）发现钍原子的衰变并放出原子能，1903 年他们又提出了放射性元素家族衰变图谱和衰变规律。1908 年卢瑟福证实 α 粒子（即氦原子核）可以计数，第一次证明了原子的存在，1911 年他又发现原子核和原子有核结构，从而彻底变革了两千多年来关于原子为物质组成基本单位及其不可分和不可变的僵化观念，使传统的物质观根本变革。1900 年 M. 普朗克（Max Planck）提出能量基元概念①从而使物质观的变革扩展到能量。1905 年爱因斯坦又将量子概念推广到光的组成。1923 年德布罗意（Louis Victor de Broglie）提出了物质波理论，1928 年 P. A. M. 狄拉克（Paul Adrien Maurice Dirac）提出了场的量子化或量子场，物质观的这一系列发展使经典的物质观（包括麦克斯韦的连续场）经受了一系列的冲击及变革。J. J. 汤姆森在

① 1900 年 12 月，M. 普朗克提出能量基元（element of energy），至 1906 年才提出“能量子”（quantum of energy）的说法，后来人们说他在 1900 年提出了量子论。

1881 年提出随速度变化的电磁质量概念，1889 年 G. F. 菲兹杰惹（George Francis Fitzgerald）提出长度随速度收缩假说，1892 年 O. 洛奇（Oliver Lodge）提出时间随速度减慢的理论，这些基本概念的变革到 1904 年才由 H. A. 洛伦兹（Hendrik Antoon Lorentz）提出了以他名字命名的洛伦兹变换，导致 1905 年爱因斯坦发表了狭义相对论，提出相对论时空观。时间和空间观念的这一系列变革，与经典的绝对时空观形成鲜明的对照。在基本相互作用方面，在牛顿的引力相互作用之后，法拉第和麦克斯韦提出了电磁相互作用理论，1919—1924 年卢瑟福发现了原子核势垒附近存在非库仑力的强相互作用力，1934 年 E. 费米（Enrico Fermi）又提出了弱相互作用，从此四种基本相互作用出现了。S. 温伯格（Steven Weinberg）和 A. 萨拉姆（Abdus Salam）在 60 年代提出了弱—电统一相互作用理论并被实验证实。本世纪以来相互作用理论的迅速发展，大大扩大了人类对基本相互作用的认识，进入了新的发展阶段。在方法论上，由于 W. K. 海森堡（Werner Karl Heisenberg）在 1925 年提出不确定论的测不准关系，使 P. S. C. 拉普拉斯（Pierre Simon Count Laplace）在 1775 年总结出的确定论在微观领域内失效。现代物理革命中，这些基本观念和概念的根本变革使这些物理学家在现代科学史上成为著名的人物。1953 年遗传基因 DNA 大分子的双螺旋结构的发现，开创了解开生物遗传机理奥秘的新时代，因而具有极其深远的重大革命意义。本世纪 40 年代末出现的宇宙大爆炸理论，在 3K 微波本底背景辐射发现后得到一定的验证，而中子星在 1967 年的发现，又为天体演化理论提供了可靠的依据。所以，现代科学上这些新的理论和生物与天体物质组成上的新发现，都从根本上变革了经典的各种观念和理论体系，这些发现者的声名和地位也就因为他们在现代科学革命中的贡献大小，而占有不同层次的地位。

综观现代科学革命这一系列的变革，卢瑟福和普朗克在物质和物质组成理论上的开创性贡献，爱因斯坦在相对论时空观和相对论的建立上的重大贡献，W. K. 海森堡和 E. 薛定谔（Erwin Schrodinger）在量子力学的建立上和 P. A. M. 狄拉克在量子场论上的重大贡献，J. D. 沃森（James Dewey Watson）和 F. H. C. 克里克（Francis Harry Compton Crick）在发现遗传基因 DNA 双螺旋结构上的发现等最为重要，这些划时代的重大发现不但赋予现代科学革命以极深刻变革的意义，而且对于今后的科学发展必将产生不可估量的重大影响，因此他们在现代科学上的贡献和地位得到了科学界和人民的高度评价和尊敬。

在上述这些杰出的近代和现代科学家之中，J. C. 麦克斯韦、J. J. 汤姆森、E. 卢瑟福、J. D. 沃森、F. H. C. 克里克和 M. 赖尔都是卡文迪什实验室的负责人和成员。作为现代科学的科学机构，卡文迪什实验室出了这样大比例的杰出科学家，而且在现代科学革命伊始至近期一直起了主力军的作用，是其他任何科学机构所难以比拟的，为此下面对该室在现代科学革命中的主要贡献作概要的介绍。

3. 卡文迪什实验室对现代科学革命的主要贡献

卡文迪什实验室成立于现代科学革命伊始之前 20 多年，也就是说该室是沿着电磁学的道路在教学和科研两方面打好了基础和走上正规之后，迎来了现代科学革命的诞生。它在整个现代物理学革命和发展过程中一直站在世界科学的前沿，不断地作出了一系列重大贡献，因而赢得高度的声誉，也为现代科学发展和高等教育改革提供了影响很深远和广泛的经验，这些贡献可概括为以下几个方面：

① 根本改变了人类的物质观和物质组成理论

卡文迪什实验的科学家们在现代科学革命中最重要的贡献就

在于它用实验的手段揭开了原子内微观物质组成的崭新研究领域，发现了生命遗传基因的大分子结构，从而在有机物和无机物的微观组成的机理和物质观的变革上，作出了根本性的划时代成就。

电子的发现和物质的电子结构及布丁—面包模型的提出，在世人面前宣告了传统的物质由最基本的原子组成和原子是不可分和不可变的教条的破产。1898 年卢瑟福发现了放射性辐射由 α、β 和 γ 射线组成，随后又证明它们分别由携带原子能的氦原子核、电子和电磁波组成，揭示了放射性元素的原子在放射出这射线后自发地分裂和破坏了，这是一个按既定的半衰期自发衰变的过程，从而又揭示了放射性元素之间及它们与非放射性元素之间存在亲缘关系。在 1919 年之后该室又发现了轻的和重的元素可以人工转变，从而使古代炼金术想法在现代变成了现实，变革了元素亘古不变的教条。这些重大发现，使几千年来的物质观被根本性地冲破和变革了，相应地变革了与它对应的一系列物质组成理论，这一切无疑是现代科学革命最早的也是最重要的革命方面之一。

1953 年，生物遗传基因 DNA 大分子双螺旋结构的发现，又揭示了遗传基因的奥秘，遗传不再是神创和天定的，而是科学的和人工可以改变或修复的。1958 年血红蛋白和肌红蛋白大分子结构的揭示，为生命物质最重要的蛋白质组成和人工控制开辟了道路，这些发现像原子有核结构的发现一样，在现代科学史上具有不可估量的理论、观念和应用的价值。因此，我们可以说卡文迪什实验室在物质观和生命物与非生命物的微观组成理论上作出了划时代的重大贡献。

② 冲破了传统的质量和粒子观念

我们知道力、质量和质点是牛顿力学的最基本概念和基石，静质量和动质量不可变成为经典物理的基础。J. J. 汤姆森发展了J. C. 麦克斯韦的电磁理论，并在1881年发现了电体的质量随速度可变，因而提出了与牛顿的静质量和动质量（F = ma）不同的电磁质量概念，在性质上是经典力学的本质将发生根本变革的前奏，不久诱发了时间和长度也随物体运动速度而变化，使相对论的质量和时空观念终于产生。因此，我们可以说电磁质量的发现是导致相对论出现的最早的重要条件。

作为第一任卡文迪什教授的J. C. 麦克斯韦，公认是电磁场理论的主要提出者之一，法拉第提出的场概念正是由于他建立场论才逐渐取得人们的承认和科学上的发展。场概念的出现，不但否定了以太说，还打破了粒子说一统天下的局面，在物质组成理论和物质观上揭示崭新的物质形态，而且进一步导致爱因斯坦的场论和后来的量子场论。可见，电磁质量和场概念的出现对于现代科学的发展是很重要的。

③ 主要的科学发现

在卡文迪什实验室的历史上有着举世瞩目的大量科学发现，这里列出对现代科学革命的产生和发展产生重大影响的一些主要发现予以说明：

电子：1897年由J. J. 汤姆森发现，为发现的第一个基本粒子。随后他又提出了在历史上起过重要作用的物质的电子结构理论和影响很大的布丁—面包原子模型，揭开了原子结构研究的序幕，诱发了电子时代的来临。

α、β和γ射线：1898年由E. 卢瑟福发现，进而搞清楚了放射性辐射的本质，从而揭示了放射性不过是放射性元素自发衰变时，其原子自发分裂而放射这些射线的过程。这个发现导致E. 卢瑟福在加拿大发现了放射性元素衰变规律和原子能。

原子核和原子有核结构：1911年E. 卢瑟福在曼彻斯特发现了原子核，提出了原子有核结构模型并得到验证。这个发现奠定了原子物理的基础，对现代物理和化学的发展产生了极其重大的影响。

人工打破原子核和元素的人工转变：从 1917 年 E. 卢瑟福发现人工打破氮原子后，在 1920—1932 年间，他与他的助手和学生先后用 α 射线和加速器打破了几乎所有的轻、重元素的原子核，实现了人工转变元素的梦想。

中子：1932 年 J. 查德威克发现了中子，导致 E. 费米在 1934 年发现慢中子核嬗变和 1938 年 O. 哈恩发现铀核裂变，为原子能的大规模释放和和平利用创造了条件。

正电子：1932—1933 年 P. M. S. 布莱克特从宇宙射线中发现了与负电子对应的正电子，只是出于谨慎的考虑发表过迟，而成为美国人 C. D. 安德森（Carl David Anderson）发现正电子的验证。这个发现为宇宙间存在正、反物质及其对称性提供了第一个证据。

核聚变：1933 年 M. L. E. 奥立芬特（Marcus Laurence Elwin Oliphant）等用加速器使重氢（氘）核碰撞，首次实现了核的聚变，为第二次世界大战后利用氢核聚变释放更大量的热核能量创造了条件。

DNA 双螺旋结构：1953 年 J. D. 沃森和 F. H. C 克里克利用 X 线晶体衍射分析方法和科学论证，发现了 DNA 大分子 的双螺旋结构，从而揭示了遗传基因的机理，奠定分子生物学的基础。

蛋白大分子晶体结构：1958 年 M. F. 佩鲁兹（Max Ferdinand Perutz）和 J. C. 肯德鲁（John Cowdery Kendrew）分别发现了血红蛋白和肌红蛋白的大分子结构，为构成生命物质最重要的蛋白质组成的研究打下了良好的基础。

射电源：从 1946—1970 年 M. 赖尔和 A. 休伊什等发现了数以千计的射电源，后来证明它们是来自太阳和银河系的超新星遗迹、星系、类星体和脉冲星。

脉冲星：1967 年 A. 休伊什（Antony Hewish）和 J. 贝尔

(Jocelyn Bell) 发现了银河系中的脉冲星，并进一步发现它是恒星演化晚年因引力塌陷而形成的由中子构成的中子星。这个发现对于恒星演化和宇宙天体的构成研究，起了很重要的作用。

修改F. 伦敦的超导体电动力学方程：1947—1953年A. B. 派帕德（Alfred Brian Pippard）利用微波技术对超导体探测，提出F. 伦敦（Fritz Lomdon）的被普遍应用的超导体电动力学方程具有很大的局限性，因而作出重大的修改，对后来的超导理论发展产生了很大的影响。

超导体隧道效应：1962年B. 约瑟夫森（Brian David Josephson）受到美国贝尔实验室的P. W. 安德森（Philip Warren Anderson）的反铁性物质基态的对称破缺想法的启发，提出了超导体隧道效应理论，不但大大推动了超导体的研究，而且为约瑟夫森效应元件的制成奠定了理论基础。

非晶半导体：大约1968年左右，N. F. 莫特（Nevill Francis Mott）提出了非晶半导体理论，从而使用玻璃等非晶材料制成半导体元件成为可能，为半导体材料廉价化开辟了广阔的新领域。

这些重大的科学发现，大大推进了现代科学革命在各种领域的发展，因而具有很大的价值。

⑤ 奠定的主要学科

科学研究以发现新自然现象和规律为已任，但是凡是重大的科学发现都具有开拓一个新研究领域的功效，其中以奠定一个新学科基础的作用更大些。卡文迪什实验室在现代科学革命中，以奠定了许多重要学科的基础而闻名。它们主要有：

电磁理论：由J. C. 麦克斯韦1873年发表《电磁论著》将他的电磁理论系统化。

气体放电理论：由J. J汤姆森在1890—1893年奠定，开拓了气体放电研究领域。

原子物理：由 E. 卢瑟福在 1903—1911 年奠定。W. 海森堡曾经说过："卢瑟福是近代原子物理的真正奠基人。"① 爱因斯坦也说过："我们关于原子结构知识的迅速增长，特别应当归功于伟大学者卢瑟福和玻尔。"②

核物理：由 E. 卢瑟福于 1911 年发现原子核后，在 1917—1932 年领导人工元素转变的研究所奠定。

分子生物学：由 J. D. 沃森、F. H. C. 克里克、M. F. 佩鲁兹和 J. C. 肯德鲁在 1953—1958 年共同奠定。

射电天文学：从 1932 年 K. 强斯基（Karl Jansky）发现地外射电现象至 1950 年 M. 赖尔和 A. 休伊什等发现大量银河系射电源，以及其后两者发明大型的可调天线距离的射电望远镜所奠定。

⑤　**主要的仪器设备发明**

（1）　云室：为观测粒子径迹的重要仪器，由 C. T. R. 威尔逊在 1910 年正式完成，对于原子物理和核物理的发展起了很大的作用。例如 P. M. S. 布莱克特将它改进成半自动的，发现了氮转变为氧同位素和证实宇宙线中存在的正电子。

（2）　质谱仪：为测定同位素的主要仪器，由 F. W. 阿斯顿在 1919 年正式完成发明，可用以测出几乎所有元素的同位素。

（3）　加速器：为加速 α 粒子、质子和元素的原子核进行碰撞，以实现人工重元素转变。它是 J. D. 考克饶夫和 E. T. S. 瓦尔顿在 1930—1932 年完成的，是高压倍加器，为第一台研制成功的加速器，对核原理和科研规模及科学管理的发展起了很

---

① 约翰·罗兰著，姜炳炘译《卢瑟福——杰出的原子物理学家》，原子能出版社，1978 年，第 V 页。

② 许良英等译：《爱因斯坦文集》，第一卷，商务印书馆 1976 年，第 174 页。

重要的作用。

(4) X射线干涉仪：系布拉格父子为了观测晶体的结构和晶格上原子的点阵常数而专门设计和制造的，他们不但用这个仪器发现了X射线的干涉现象，而且还发现了晶格上各原子点阵平面间的距离和原子的位置与间距，从而开辟了认识晶体结构的道路和确认了原子的存在。

(5) 射电干涉仪或射电望远镜：这是为测定射电天体的方位和距离，由M. 赖尔等发明，对于观测到大量射电天体起了很大作用。他在1964年制成两个天线变距达1.6公里的综合孔径射电望远镜，对射电天体的发现和射电天文学的发展起了重大作用。

⑥ **培养出一批诺贝尔奖获得者**：据J. G. 克洛瑟（J. G. Crowther）在《卡文迪什实验室》一书中的统计和后来获该奖的情况，可以按照获该奖者是否在该室内直接培养和形成获该奖项目的想法和工作为原则，作出卡文迪什实验室获得诺贝尔奖人次的统计表。如果撇去在该室影响下或短期培养过的三、四位诺贝尔奖获得者之外，可以得出为25人次，已经取得该室大多数人的认可。

卡文迪什实验室获诺贝尔奖的姓名、时间和原因，可以列表说明如下，其中包括了物理奖、化学奖和生理与医学奖三个方面：

姓　　名	时间	奖类	原　　因
瑞利男爵	1904	物理	发现氩
J. J. 汤姆森	1906	物理	气体放电研究和发现电子
E. 卢瑟福	1908	化学	研究放射性元素蜕变和放射性化学
W. H. 布拉格	1915	物理	用X射线法分析晶体结构

姓　名	时间	奖类	原　因
W. L. 布拉格	1915	物理	用X射线法分析晶体结构
C. G. 巴尔克拉	1917	物理	发现元素的X射线特征辐射
F. M. 阿斯顿	1922	化学	发明和应用质谱仪
C. T. R. 威尔逊	1927	物理	发明用蒸汽凝结法可见带电粒子径迹的云室
O. W. 里查森	1928	物理	发现热离子放射决定于温度的里查森定律
J. 查德威克	1935	物理	发现中子
G. P. 汤姆森	1937	物理	发现晶体使电子干涉的图像
E. V. 阿普尔顿	1947	物理	发现大气上层存在的电离层
P. M. S. 布莱克特	1948	物理	用云室法在核物理和宇宙射线中的发现
C. F. 鲍威尔	1950	物理	发明乳胶照相法和发现介子
J. D. 考克饶夫	1951	物理	用加速器进行原子核嬗变的研究
E. T. S. 瓦尔顿	1951	物理	用加速器进行原子核嬗变的研究
M. F. 佩鲁兹	1962	化学	测定血红蛋白分子结构
J. C. 肯德鲁	1962	化学	测定肌红蛋白分子结构
F. H. C. 克里克	1962	生理和医学	发现脱氧核糖核酸分子的双螺旋结构

姓　　名	时间	奖类	原　　因
J. D. 沃森	1962	生理和医学	发现脱氧核糖核酸分子的双螺旋结构
M. H. D. 威尔金斯	1962	生理和医学	发现脱氧核糖核酸的分子结构
B. W. 约瑟夫森	1973	物理	发现两超导体界面存在隧道效应
M. 赖尔	1974	物理	发明射电望远镜和发现大量射电源
J. C. 休伊什	1974	物理	发现脉冲星（中子星）
N. F. 莫特	1977	物理	提出非晶半导体理论和硫化物玻璃与非晶硅半导体材料

在现代科学史上，获得诺贝尔奖的科学发现被认为属于各个年度具有重大突破的杰出成就，因此这些发现对于现代科学革命有着很重要的推动作用。值得说明的是除本人获得该奖之外，J. J. 汤姆森培养出 8 个诺贝尔奖获得者，E. 卢瑟福一生中共培养出 11 个以上的诺贝尔奖获得者，其他的卡文迪什教授也不同程度地培养出过诺贝尔奖获得者，他们培养的获该奖者有的在卡文迪什实验室之内，有些则在该室之外和其他国家。

⑦ 在科学管理方面的贡献

卡文迪什实验室在现代科学管理上，对现代科学革命和科学发展也产生过重要的推动作用，其中主要有：

(1) 瑞利男爵创立正规实验物理教学和科研与教学的系统结合，开创大学招收女学生的制度。

(2) J. J. 汤姆森改革研究生制度，创立面向世界招研究生制度，开创招收女研生的制度。

(3) E. 卢瑟福在加速器发明后，创立大科学研究方式。

(4)　W. L. 布拉格建立大组系管理体系和秘书管理行政事务的体制。

三

卡文迪什实验室的成立与历任卡文迪什教授

在现代科学革命开始的一段时期内，有不少科学组织发挥过重要的作用。例如，W. K. 伦琴发现X射线的德国渥尔兹堡大学的物理实验室，居里夫人建立的巴黎镭研究院，爱因斯坦工作过的威廉皇帝物理研究所，卢瑟福工作过的加拿大麦克吉尔大学物理实验室和曼彻斯特大学物理实验室，索末菲（Arnold Sommerfield）的慕尼黑大学理论物理研究所，玻恩（Max Born）领导的哥廷根大学理论物理研究所，N. 玻尔（Niels Bohr）的哥本哈根理论物理研究所，哈恩发现铀核裂变的柏林——达莱姆化学研究所，E. 费密（Emrico Fermi）的罗马研究组，以及英国皇家学院实验室等，都在现代科学革命的发生和发展中起过很大的作用。但是后来，有些被撤消了，有些衰退了，有的虽然尚在却表现平平，只有存在时间很长的剑桥大学卡文迪什实验室至今仍在科学前沿进行开创性的大量研究，在继续作出很多重要的贡献。

为了本书后面展开阐述，有必要在本章内先对卡文迪什实验室的产生和发展，以及历任卡文迪什教授和该室的诺贝尔奖获得者先作综合性的介绍和必要的说明作为导引。

卡文迪什实验室成立于1871年，它由电磁理论和气体分子运动理论的著名奠基人、伟大的理论物理学家J. C. 麦克斯韦一手操办和建立起来的，从它在1874年建成和招研究生至今，已经经历了130年的长期历史，有9任卡文迪什教授在任期内，对于现代科学革命和科学发展作出了重大的贡献。它不但彻底变革了经典的物质观，揭开了原子内微观物质组成领域的奥秘，奠定了电磁理论、原子物理、核物理、X射线晶体分析、分子生物学、射电天文学、非晶半导体和有机聚合物半导体理论，而且在超导体理论和凝聚态理论物理方面作出了重要贡献。这个实验室至今共培养出25个诺贝尔奖获得者、千百个实验物理教授、上百个皇家学会会员、4个皇家学会主席和6个大英科学促进协会主席，它的成员中有3人被封为勋爵或男爵，有26个人成为爵士，它在人才培养上一向以“人才的苗圃”和“世界物理学家的圣地”而闻名于世。它还是科研规模从个人研究转变成小科学，以及继而由小科学转变成大科学的发祥地。这些举世称著的贡献，反映出这个实验室在整个现代科学的革命和蓬勃发展中，作出了多方面的重大成就，而成为现代科学革命的一支突出的生力军。

1. 成立的背景和经过

以牛顿力学为代表的剑桥物理学派，在《自然哲学的数学原理》问世之后的150年中，赢得了世界性的巨大荣誉，成为近代科学的主导科学理论体系。它一方面使后来的剑桥物理学家们引以为荣，在理论力学和数学上继续承袭和发扬，另一方面也造成了科学发展的过分理论化而轻视应用的顽固倾向，以致在著名的英国产业革命中，呈现理论与技术严重脱节和人才与知识老化的衰退景象。法国大革命之后出现的高等教育和科研体制改革，在18世纪末和19世纪初产生了一次深刻的资产阶级教育革命，这次革命主要表现在废除教育上的封建特权、建立平民通过平等竞争的考试入学制度和理论科学与应用的紧密结合上。随着拿破仑（Napoleum Bonapart）的入侵，德国也进入了教育平权和理论与实验结合的发展道路。为了振兴法、德等国的科学技术发展，实验物理取得了长足的发展，而理科博士研究生体制的建立和高年级大学生参予科学研究的研讨班（Seminar）的出现，使他们的高等教育质量空前地提高了，促进了法、德的产业革命和国民经济大发展。在这种情况下，英国年轻一代的科学家深感英国物理学沿着纯理论的道路发展已变得落后了，因此1830年在皇家学会内部出现了改革运动，拥戴有成就的科学家如 J. F. W. 赫歇尔和 M. 法拉第出任皇家学会主席。这次改革运动虽然一时地失败了，但是处在十字路口中的英国物理学明显地提出了向何处去的重大问题。在君主立宪制和趋于保守的英国政体中，即使纯科学上的改革也必须自上而下地进行。因此，只是到了1851年曾留学德国的康索尔亲王（Prince Consort）亲自出面干预，提出建立实验物理教学和改变传统的理科数学优等生考试制度，并在不久后得到英国首相的支持，才在19世纪60年代建立了自然学科优等生考试制，并把新兴的光学、电学和磁学等实验性的学科纳入数学优等生考试科目之内。

J. C. 麦克斯韦作为 M. 法拉第磁力线和场概念的积极支持者和数学表述者，在1864年发表了他的电磁场方程组，奠定了电磁理论的基础。第二年开始就被聘为剑桥大学数学优等生考试委员，专门负责物理和数学的数学优等生的光学、电学和磁学考试，从而使这位年轻的物理学家变成了新物理学的代表人物。

剑桥大学是英国物理学的主要根据地，也是牛顿和 J. C. 麦克斯韦的母校，但是真正将实验物理纳入教学也需要有开明的校长的支持。第七代德文郡公爵兼实业家 W. 卡文迪什（William Cavendish）当上剑桥大学校长后，决定把英国政府过去提出的设立实验物理教学付诸实施，并且自己捐款建立实验物理教授职位和物理实验室。在经过一番讨论和周折后，决定聘请 J. C. 麦克斯韦为剑桥大学的实验物理教授，筹建了现在所说的卡文迪什物理实验室。从1871年到1873年建成的这个英国第一所正规的公立物理实验室，为英国物理学走向理论与实验结合，培养新型的物理人才创造了条件。

2. 建室的宗旨、性质和方针

J. C. 麦克斯韦作为一位伟大的理论物理学家，曾经是电磁理论、气体分子运动理论和统计物理的主要奠基人。他能够出任卡文迪什物理实验室的负责人和剑桥第一任卡文迪什实验物理教授，并且把他的晚年贡献给实验物理的开拓事业，是一件很不简单的事，这说明他这样做是出于对现代物理的本质是实验的深刻认识。他担任这个职务仅仅8年，就因为身患癌症而在48岁的英年过早地去世了。但是，他为卡文迪什实验室留下的十分宝贵的伟大精神遗产却一直被人们喜闻乐道。他为这个实验室进行筹划、设计、添置仪器设备、招生和进行教学和研究，做了大量的工作，其中最值得在这里着重介绍的是他提出的建室宗旨、性质和一系列方针政策。

J. C. 麦克斯韦选择《圣诗101》中的一首诗的一句话作为卡文迪什实验室的宗旨，并且将它刻在该室大门口的橡木大门上，以便时时提醒大家牢记，而成为座右铭。《圣诗101》的话是这样写的：

Magna opera Domini exquisita in Omnes voluntates ejus①

这首诗在1974年建成的该室新址大门上改刻为英译文，其意思是“主的创作是伟大的，这要由所有那些对其中有兴趣的

① N. de Bruyne: “A Person View of the ‘Cavendish, in Cambridge Physics in the Thirties’”, ed. by J. Hendry , Bristol (1984), P. 81

人予以探索出来”[①]。人们有时说，卡文迪什实验室在历史上作出那么多的一系列发现，培养出那么多优秀人才，原因就在于这个宗旨。这个宗旨是卡文迪什实验室的研究和教学以精深博大的大千宇宙为对象，表现了其胸怀之宽广，在这里工作的人可以就对其中感兴趣的任何方面进行研究，以便开拓各种物理领域，从而又表现了选题的广阔自由度和探索精神。120 多年来，这个实验室的研究大方向改变了 5 次：从电磁理论转到气体放电和辐射，再相继转到原子物理和核物理；多研究方向，固体物理和凝聚态物理，变化的范围不但广阔，而且关系到各个时期世界物理发展的不同主要前沿。与此同时，在每个时期的主要研究方向之外，都还注意发现和扶持非主要方向的大量新课题和新思路，以便开拓新的研究领域。由此可见，这样的博大宗旨决定了研究方向和课题的广泛性和研究方法与治学风格的自由氛围。

J. C. 麦克斯韦提出卡文迪什实验室的性质是用物理实验和准确测量的方法，将研究精神注入教学之中，不断提出新的思路和新研究领域，为物理学的发现服务。这个性质决定了该室的严谨治学学风，务求实验的可靠性和准确性，以便发现新的自然现象和建立新的物理理论，因而成为现代科学中以严谨、透彻和新想法蓬勃涌出的剑桥学派的主要特征。

1871 年 10 月，J. C. 麦克斯韦在一间阴暗的化学系的教室内，在只有几个学者和一些学生出席的情况下，发表了他的就职讲演。这篇在当时不引人注意的讲演，后来形成为著名的卡文迪什实验室优秀传统和学风，[②] 现就其主要方面扼要地介绍如下：

①我们要在明显的科学说明所依据的证据基础上，不仅要提

① 同①注。

② J. C. Maxwell, “Introductory Lecture on Eperimental Physics in ‘Maxwell on Molecules and Gases’”, ed. by E. Garber MIT, (1986) P. 242.

供和传播真实的科学原理，而且还要提供和传播深刻的批判精神。这里，他提了治学的依据必须可靠，教授和探索真实的科学事实和理论，以及培植科学批判的审视眼光和能力，因而对该室后来的教学和研究具有指导性的重大意义。

②科学教育应当立足于说教与基本感觉相结合。不仅要训练学生眼睛敏锐、耳朵明快、触觉灵巧和手指敏捷，将教学与可靠的感知密切地联系起来，使思想大大活跃。

③让助手和学生自己动手制作仪器和动手实验。他认为一个敢于将仪器拆成零件并自己动手实验而做错了的学生，往往比用经过教师调整好的仪器而做对了的学生收获要大得多。他说他从不劝阻一个人尝试做实验，因为人们如果找不出他所期望的东西，也会找到别的什么东西。让研究人员自己动手做仪器设备，自己去做实验，对于一个实验科学家去作出开创性的成果是十分重要的，这个方针后来成为使该室作出无数重要发现的重要传统。

④提倡教学与科研紧密结合。为此，他提出实验分教学用的表演实验和科研用的研究实验两种。前一种的目的是使学生将实验观察的现象与学到的科学概念和理论结合、印证，以便牢固地掌握知识，后一种的目的是测量看到的东西，得出数量大小的准确估计，以便提出新的想法和开拓新的研究领域。J. J. 汤姆森认为，这是J. C. 麦克斯韦将研究精神注入到教学之中，在讲授旧知识的同时，产生新的学问，从而形成了该室长期发挥作用的、通过教学只能培养一般人才和只有通过研究才能培养高级人才的思想，以及科研与教学必须紧密结合的传统。

⑤理论与实验有机地结合。他在分析了过去将抽象的概念和数学符号与客观的现象分离造成的种种困难之后，提出在这个鸿沟之上架起桥梁，这不仅可以获得真知，而且经过反复的努力可以发展科学能力，变成取之不尽的愉快源泉。他早年用数学表述

M. 法拉第的磁力线概念，建立了电磁理论，晚年又以理论物理学家的身份出任实验物理教授，以身示范，为他的继任者们树立了光辉的楷模。

⑥实验室的主要工作是熟悉、比较和评估各种科学方法，强调科学方法的重要性。他说如果自由而充分地讨论不同科学过程的相对价值，就能够形成科学的批判学派，能找出有益的科学方法，以进行物理发现和开拓新领域。他甚至要大家注意科学史上发现关键知识时失败的教训，以及正常和反常的现象，说这甚至比成功的经验还要重要，能够攀升到科学风暴区域之上，而进入清净的领域，紧密地接触真理之点。为此，他要求克服狭隘的专业知识的局限性，进行广泛的交流、合作，汇集群体的智慧。

⑦多做推测性的练习，在理论与实验脱节之处用推测尝试求解的途径。我们知道科学理论往往只是处理最典型的简单情况，而实际事物则是很复杂的，用一两个科学原理有时连通常的实际问题都不易解决。因此，在理论与实验之间存在的鸿沟上构建桥梁，进行科学的推测，然后将实验和原理进行比较，反复进行，易于找出经验性的解决方法，所以他推崇科学推测的功效，这对于实验物理学家来说是重要的。

⑧提倡全神贯注和献身科学的精神。他说一个心在工作上的人，往往比目的不与他的职业紧密联系的人，作出的成绩总是会更先进些。因此，他要求人们献身于科学真理的发现。他受身为剑桥大学校长和捐款建卡文迪什实验室的 W. 卡文迪什的委托，负责整理 H. 卡文迪什（Henry Cavendish）遗留的大量论文手稿和实验笔记，并出版。为此，他不但一字字地审阅和订正，并且一一重做 H. 卡文迪什的所有实验，甚至通电到自己、学生和助手身上，以便得出准确数值，在临死前终于将它们出版，以尽自己为卡文迪什教授的职责。他在自己的夫人重病期间，两三周不曾上床睡过觉，以服侍病人，但是白天照常上班工作，不误学时。

J. C. 麦克斯韦为卡文迪什实验室制定的这些方针和政策，以及他本人的治学精神和学风，在后来得到继承和发扬，成为该室举世闻名的优良传统和学风，对于该室后来出了那么多重大成果和人才起了公认的重大作用。

3. 历任卡文迪什教授及其主要特点和贡献

卡文迪什实验室在刚成立时，按照剑桥大学的规定设一个实验物理教授、两个实验演示员和一个仪器制作与修理技术工人。大约到了20世纪20年代，开始出现了2个教授，40年代有3个教授，60年代有6个教授，到了八、九十年代有10个教授。尽管教授人数增多了，其中有些是兼职教授，但是卡文迪什教授在所有教授之中却始终是首席教授，兼任实验室主任。又由于该室在建立时就定为系级建制，因此室主任实际上就是物理系主任，据说到1978年之后就兼称物理系主任，直至1989年起分别由二人担任，也就是说，卡文迪什实验室与物理系不过是一个单位两块牌子。

由于剑桥大学在英国和世界上的显赫名声和悠久的历史，以及英国一向被国际科学界视为“物理之邦”，作为这个大学的物理系的卡文迪什实验室自然在英国被视为英国王冠上的一颗璀璨的明珠，在世界上也就成为著名的物理中心，而卡文迪什教授也就分外引人注目了。

历届卡文迪什教授的选择，在剑桥大学是一件大事，要由该大学成立的评选委员会物色、商讨和选举产生。其选择面要面向全英国甚至世界上的杰出物理专家，只有在物理学上贡献卓著、有丰富的管理经验或某著名学派的首领，在国际上威望很大，在剑桥大学的决策上能起很大的影响作用，而且他的学科专长能适合该室下一阶段主要研究方向发展要求，并能使该室高效运转的物理教授才能当选。所以，选择的标准很高，要求很严。如果一时找不到合适的人选，宁肯先聘任一位执行系主任负责日常工作，直到选出新的卡文迪什教授后再取而代之。我们只要看一下该室博物馆墙壁上高挂的历任卡文迪什教授并排大照片，只要了解本世纪以来所有的卡文迪什教授都被国王封为爵士，就可以知道他们在英国和世界上具有何等重要的地位。

历任卡文迪什教授研究专长就代表了卡文迪什实验室在他任期内的主要研究方向，他们的治学风格和管理特征对于该室的运作自然起着重要的作用。因此，这里着重对历任卡文迪什教授进行概要的介绍，对本书后面的论述会有很大的帮助。

① J. C. 麦克斯韦（1831—1879 年）

J. C. 麦克斯韦于 1831 年 6 月 13 日生于爱丁堡，他的祖籍是苏格兰达姆弗利斯郡的米德尔比（Middlebie of Dumfriess-chire），童年在苏格兰的格伦莱尔（Glenlair）长大，家中有一处庄园。他的父亲是爱丁堡大学和伦敦大学的建筑学教授及爱丁堡皇家学会会员。他在 14 岁时就在《爱丁堡皇家学会议事录》上发表过画椭圆图形的方法，自幼显示出数学才华。1850 年他从爱丁堡大学毕业后到剑桥大学读数学优等生学位，1854 年以与第一名同样的成绩取得第二名数学优等生毕业，后因数学研究的成果获得史密斯奖。他从 1855 年起研究 M. 法拉第的力线，1856 年到爱丁堡大学任自然哲学教授，开始研究几何光学、土星光环和颜色理论。1860 年任伦敦大学物理教授，这时他提出色盲理论、三元色理论和法拉第力线的理论。在 1859 年和 1864 年先后发表了奠定气体分子运动理论和电磁场方程组，而名声大噪。1865 年回格伦莱尔并兼任剑桥大学的数学优等生考试委员，对于将光、电和磁纳入数学优等生考试科目起了很大作用。1871 年出任卡文迪什教授，对卡文迪什实验室的创建、建立实验物理教学和研究体制与方针政策，起了主要作用。他在这里完成了

《热理论》和《电磁论著》的写作并获发表。1879 年 11 月 5 日因患癌病在剑桥去世，遗体送回格伦莱尔安葬。1931 年纪念他诞辰 100 周年时，因为他建立电磁理论的名声已享誉全球，他的遗骨被政府和皇家学会移至伦敦的威斯敏斯特教堂，葬在牛顿墓的旁边，从而显示出他在科学上的重要地位。

② 第三代瑞利男爵（Lord Rayleigh，即 John William Strutt，1842—1919 年）

瑞利男爵于 1842 年 11 月 12 日生于英格兰的爱塞克斯（Essex）的一个世袭男爵家庭，1919 年 6 月 30 日在家乡去世。他在 1861 年进入剑桥大学学习数学和自然科学，并于 1865 年以第一名数学优等生毕业。毕业后去美国学习和考察工业和教育，对麻省理工学院用工业化管理方法进行科技教育印象颇深。1868 年回国，自购和制作简单的仪器，在家中建立私人实验室，进行物理的理论和实验研究，特别对回声和共振理论很有造诣，他在 1877 年发表了奠定近代声学基础的《声理论》巨著。后来对辐射、声学和光学做了大量的实验和理论研究。他对麦克斯韦的电磁理论十分赞赏，帮助审阅和修改《电磁论著》。1873 年继他的父亲承袭男爵爵位。1879 年继麦克斯韦任剑桥大学的卡文迪什实验物理教授，采用美国的工业管理模式管理科学技术，改变过去的师徒传授为实验物理大班教学，将科研与教学有系统地结合起来，带领助手和学生有组织地研究大英科学促进协会的电标准精测研究，终于使他们精确测定的电流、电压和电阻单位被国际电工学会采用，作为国际电标准和制订 CGS 制的基础。1884 年他从卡文迪什实验室退休，回家中的实验室独立研究。他的研究特点是有感即发，从小问题出发，简短明快，如研究鸟之飞翔、天空为什么是蓝色的？耳测声音的方向和距离、光和辐射等。1884 年担任大英科学促进学会的主席。1893 年后预言了氩元素，并在 1895 年与 W. 拉姆赛（William Ramsay）一起宣布发现了氩，而于1904年获诺贝尔物理奖。他一生中发表过约430篇文章，为名望和地位很高的科学家。1905—1908年当选为皇家学会主席，1908—1919年任剑桥大学校长。

瑞利男爵对卡文迪什实验室的有组织的正规实验物理教学、将科研与教学有系统地结合，起了决定性的作用。他的私人实验室中的密封腊—线绳—玻璃器皿研究方式标志小科学时代之前的研究特征。他的成就和名声对于卡文迪什实验室后来的地位确立有一定的影响。

③ J. J. **汤姆森（Joseph John Thomson，1856—1940年）**

J. J. 汤姆森于1856年12月18日生于曼彻斯特附近的齐萨姆山（Chetham Hill）的一个小书商家庭，1940年8月30日在剑桥去世。1876年毕业于曼彻斯特的欧文斯学院（即曼彻斯特大学的前身），后入剑桥大学三一学院，于1880年以第二名数学优等生毕生，即入卡文迪什实验室工作。1881年因提出电磁质量概念及其质量随速度而变化而享盛名。1883年，当选皇家学会会员和升任讲师，1884年在27岁时被破格当选为第三任卡文迪什教授。他在主持卡文迪什实验室的35年期间，将科研方向从固体和液体电磁理论转向气体放电和辐射研究，并在1895年首创面向世界招收学位制研究生的体制，广泛接纳国内外访问学者，并采用国外先进的研讨班和学术讨论方式，吸取各地的治学优点，而将该室发展成世界性的科学组织。1897年，他在研究阴极射线的性质过程中，发现了比原子小1800倍的第一个基本粒子——电子，并且提出了一切元素的原子都由电子组成的物质电子结构理论和著名的布丁一面包原子模型，从而成为后来各种原子模型蜂起的起点。他是原子可分裂理论的第一个提出者，从而揭开了原子有内部组成并可分的理论序幕，他在正射线研究中，虽然未发现与负电子相对应的正电子，但是为他的助手F. W. 阿斯顿（Francis William Aston）发明质谱仪创造了条件。他培养出很多优秀的实验物理学家，如发现α、β和γ射线及原子核的卢瑟福（Ernest Rutherford）、发现热离子的O. W. 里查森（Owen William Richardson）、发明云室的C. T. R. 威尔逊（Charles ThomsonRees Wilson）和发现晶体对X射线的衍射现象及测定晶体点阵结构常数的布拉格父子（William Henry Bragg, William Lawrence Bragg）等。据统计，在他的任期内卡文迪什实验室先后获诺贝尔奖的（不包括他之内）共达8人之多，为世界各国培养出82个物理教授。

J. J. 汤姆森以发现电子、创立面向世界招收研究生制、善于培养人才和将卡文迪什实验室办成世界性科学组织而闻名于世。他是任卡文迪什教授职务时间最长的卡文迪什教授，也是1895年后卡文迪什实验室历史上最重要转折的主要活动的直接组织者。他在1906年获得诺贝尔物理奖，在1908年被封为爵士，1909年当选大英科学促进协会主席，1915—1920年任皇家学会主席。1940年逝世后，他的骨灰被安葬在伦敦威斯敏斯特教堂公墓中牛顿墓的旁边，从而显示出英国政府和科学界对他的科学地位和贡献的高度评价。

J. J. 汤姆森在去任卡文迪什教授之后，转任剑桥大学三一学院的院长。由于这个学院历史上出现过大量最著名的科学家（包括牛顿、F. 培根、J. C. 麦克斯韦和第三代瑞利男爵等），并且也是英国最大和最富的学院，其院长由国王亲自任命，可见其选择之严格。此后，他还兼任卡文迪什实验室的无薪教授至1940年去世。他在该室工作共达60年之久，把毕生贡献给这个实验室。

④ E. 卢瑟福（Ernest Rutherford，1871—1937年）

E. 卢瑟福为苏格兰后裔，于1871年8月30日生于新西兰的纳尔逊（Nelson）附近的泉林村（Spring Grove），1937年10月19日在英国剑桥去世。他是农民兼手工业者家庭出身，1887—1889年在相当于中学的纳尔逊学院毕业，1889—1894年在坎特伯雷学院物理系毕业，获硕士学位。1895—1898 年，在英国的卡文迪什实验室在 J. J. 汤姆森指导下先后研究无线电和放射性，在 G. W. 马克尼（Guglleimo William Marconi）之前实现 2 英里无线电收发距离，为无线电发明的先驱者。1896 年之后，帮助 J. J. 汤姆森研究气体放电和发现电子，1898 年发现了 α、β 和 γ 射线。毕业后，他去加拿大的麦克吉尔大学任物理教授，与 F. 索迪（Frederick Soddy）合作，发现了放射性元素衰变规律、原子能，并独立发明用放射性元素半衰期测定太阳、地球和矿石的精确年龄的方法。1907 年，他担任曼彻斯特大学实验物理教授，与 H. 盖革（Hans Geiger）一起发明计数器，1908 年首次测出单个氦原子数，这是有史以来第一次证实原子的存在。1911 年，他发现原子核，并提出原子有核结构。1917 年，他发现人工打破了的氮原子核，1919 年提出核附近非库仑力效应和预言氢有两种同位素及氦有同位素，1920 年预言中子及其巨大穿透性，1922 年预言正电子。1920—1925 年，他与助手合作，人工打破了一系列的轻元素的原子核，1925 年提出原子核外存在势垒及其附近存在非库仑力的强作用力。1928 年，领导研制第一台加速器，并在 1930—1933 年用加速器人工打破一系列的重元素。由于他的预言和指导，他的助手 J. 查德威克（James Chadwick）于 1932 年发现了中子，1932—1933 年他的助手 P. M. S. 布莱克特（Patrick Maynard Stuart Blackett）发现或证实正电子，1933 年 M. L. E. 奥立芬特（Marcus Laurence Elwin Oliphant）与卢瑟福等一起发现了重氢核聚变和验证了爱因斯坦的质能等当定律。因此，1932 年被认为是卡文迪什实验室成就最大的一年，也是该室成为世界物理中心的象征年代。

卢瑟福是原子物理和核物理的奠基人，是培养优秀科学人才的巨匠，仅在卡文迪什实验室的 18 年中就培养出 7 个诺贝尔奖获得者。如果包括他在麦克吉尔大学时的学生 O. 哈恩（Otto

Hahn）和助手 F. 索迪，以及在曼彻斯特时的助手 N. 玻尔（Niels Bohr）和 G. C. 亥威西（George Charles Hevesy）在内，他一共培养出 10 多个诺贝尔奖获得者。他还是 20 世纪上半叶最著名的科研组织家，创立了从小科学向大科学转变的科学研究规模。因此，他的科学功绩十分卓著，将卡文迪什实验室发展成世界科研中心。

E. 卢瑟福在 1908 年获诺贝尔化学奖，1914 年被封为爵士，1930 年被封为勋爵，1923 年当选大英科学促进协会主席，1925—1930 年任皇家学会主席，1931 年出任英国科学和工业研究部顾问委员会主席。1937 年去世后，他的骨灰葬于伦敦威斯敏斯特教堂公墓中牛顿墓的旁边，从而显示出这位担任过英国最高科学领导工作和获得最大荣誉的伟大科学家的高度地位和声望。

⑤ W. L. **布拉格**（William Lawrence Bragg，1890—1971 **年**）

W. L. 布拉格于 1890 年 3 月 3 日生于澳大利亚的阿德莱德（Adlaide），于 1971 年 7 月 1 日在英格兰的伊普斯维治去世。他在 1908 年毕业于阿德莱德大学物理系，并取得硕士学位，后随他的父亲、J. J. 汤姆森过去的助手 W. H. 布拉格回到英国，在卡文迪什实验室学习，并于 1911 年毕业后留在该室工作。从 1912 年开始与他的父亲（当时任里兹大学的卡文迪什实验物理教授）合作，研究 X 射线晶体结构分析，发明 X 射线摄谱仪，测定了氯化钠等结晶的原子点阵结构的常数，建立了著名的布拉格定律，于 1915 年获得了诺贝尔物理奖，因而以 25 岁的年龄成为获得该项大奖的最年轻的科学家。从 1919 年继卢瑟福之后出任曼彻斯特大学的实验物理教授时起，在该大学建立起 X 射线晶体结构分析的物理学派，展开固体物理的实验研究。1938 年在刚出任国家物理实验室的物理教授和负责人之后不久，当选为剑桥大学的卡文迪什教授兼卡文迪什实验室的主任。1940—1945 年，参加英国的战时科研和管理工作，1945 年后主持恢复卡文迪什实验室的工作，直至 1953 年从该室退休。他以改变卢瑟福时期以核物理研究为中心的政策，筹建了固体物理、晶体物理、分子生物学和射电天文学的研究、实行多方向发展战略，采取了民主管理、发现和培植新科学思想和科研新领域而著称，被誉为“辛勤的园丁”。主要由于他的扶持，分子生物学和射电天文学研究取得了重大的发展，由于在 DNA 双螺旋结构、血红蛋白和肌红蛋白等大分子结构的研究上取得划时代成果，以及开展了射电源的探测，在他离任后该室获得了 6 个诺贝尔奖。他在 1953 年出任伦敦皇家研究所的自然哲学教授兼负责人，在科普教育上取得成效。1966 年，他从皇家研究所退休。他在 1948—1961 年间，当选国际索尔维物理会议的 5 届主席，对世界物理发展作出杰出的贡献。

W. L. 布拉格在卡文迪什实验室，以将该室主要研究方向从核物理转向多方向发展、为向以固体物理为中心转变起了过渡作用而称著。他的民主管理风格与卢瑟福的集中管理风格形成该室管理的两种典型模式。他适应战后该室规模扩大的需要，建立了大组系管理体制和秘书管理行政事务的体制，因而为大规模科学研究提供了新的管理模式。他在 1941 年被封为爵士，1931—1933 年当选为皇家学会理事会的委员。

⑥ N. F. **莫特**（Nevill Francis Mott，1905— ）

N. F. 莫特于 1905 年 9 月 30 日生于英国的里兹（Leeds），他的父母亲都曾经是 J. J. 汤姆森的学生，因此与卡文迪什实验室有家缘关系。他在剑桥数学物理专业毕业后，获得过硕士学位。1929—1930 年，任曼彻斯特大学的理论物理讲师，1930—1933 年又任剑桥大学冈威耶—凯斯学院的讲师。1933—1954 年在卢瑟福的推荐下出任布里斯托尔大学的理论物理教授，在那里他由一个核理论物理学家转变成固体物理学家，并成为该校著名的理论物理学派的首领。1954 年，他当选为卡文迪什实验物理教授，以便加强该室的理论物理地位及将研究方向转变到固体物理上来。

在他的17年卡文迪什教授任期内，为了将主研究方向从W. L. 布拉格的多方向转变到固体物理上来，采取了将正筹建的大型加速器下马和将分子生物学分离出去的办法，加强固体物理和超导研究，取消了晶体物理组。这些大胆改革的果断措施，显示出他恢复了卢瑟福的集中式管理的方式，但却采取凡事与成员们商讨的方法。

N. F. 莫特在卡文迪什实验室的主要贡献，主要表现在加强了半导体和超导体的研究，鼓励射电天文学的发展，筹建卡文迪什实验室的新址和改变短期性的陈规和部分传统，以及开创与国内外合作研究和与工业部门加强联系等。这样做的结果，使他开拓了非晶半导体研究领域，促使B. D. 约瑟夫森（Brian David Josephson）发现了超导体隧道效应理论，在射电天文学上发现了脉冲星就是中子星等，因而在70年代获得了4个诺贝尔奖。

N. F. 莫特在1971年从卡文迪什实验室退休后，继续进行个人的研究。他在1936年当选为皇家学会会员，1962年被封为爵士，1977年获得诺贝尔物理奖。他在1959—1966年任过剑桥大学冈威耶—凯斯学院的院长，担任过英国物理研究学会和皇家学会教育委员会的主席。他的主要科学贡献是在1931年用量子力学解决了α射线被原子核大角散射的卢瑟福理论问题，以及发现了非晶半导体材料等。

⑦ A. B. **派帕德**（Alfred Brian Pippard，1920—　　）

A. B. 派帕德于1920年9月7日生于伦敦，他的父亲是卡尔第夫、布里斯托尔和伦敦帝国理工学院等大学的建筑工程教授，自幼受到他父亲的同事的影响，对低温物理发生兴趣。1938年，他入剑桥大学的卡文迪什实验室学物理，并在1941年毕业后，到设在莫尔文的雷达站从事科研工作。第二次世界大战结束后，他回到卡文迪什实验室的蒙德实验室，试图用微波物理方法研究超导体的电磁性质。他很快获得硕士学位，并在1949年获得博士学位，升任讲师。1960年升任理论物理教授。1962年起担任卡文迪什实验室新址的建筑委员会主任，1971年当选为卡文迪什教授兼卡文迪实验室主任，并在1966—1973年任剑桥大学的克莱尔·霍尔学院的院长。他在1956年当选皇家学会会员，1975年被封为爵士。

A. B. 派帕德属于第二次世界大战后成长起来的物理学家，而他从事的超导体研究在战后取得了重大的发展，他的研究对于这个发展作出了重要的贡献。他运用战时学到的微波技术对微波电流穿透超导体表面深度进行实验，并发现它的穿透深度与F. 伦敦（Fritz Londen）的超导体电动力学方程不符，因而提出修改该理论的方程式，扩大了其应用范围。他还研究了超导体的反常趋肤效应，用传导的电子平均自由程进行解释。在50年代，他通过研究铜的单一金属结晶的表面电阻大小，提出了金属结晶存在特征费米面，费米面的外形表征了控制最大能量电子运动的量子波长决定于它们运动的方向，当将这个结果与晶格的点阵结构的X射线分析得出的信息结合时，就能够导出与超导体电子输运等能势面有关的基本信息。A. B. 派帕德由于这些重要成就，于1959年获得皇家学会的休斯奖章。

A. B. 派帕德在任期内主张实行各大组自行管理的民主管理方式，提出理论与实验对话作为理论与实验结合的新方式。并且认为，在当前人才短缺和外流的情况下，应当加强教学工作，以培养人才为主，建议用实验加猜测的方法培养直觉和洞察能力。他以培养人才来振兴卡文迪什实验室的大胆尝试，引起室内外的很大关注。

⑧ S. F. **爱德华兹**（Samuel Frederick Edwards，1928—

S. F. 爱德华兹生于1928年2月1日，毕业于剑桥大学数学物理专业，并取得硕士学位，他在1952年获得哈佛大学的物理博士学位之后，入普林斯顿高级研究所做博士后研究一年，

1953—1958 年在伯明翰大学物理系工作，并任理论物理讲师。1963—1972 年，出任曼彻斯特大学理论物理教授，1972 年到卡文迪什实验室接替 A. B. 派帕德，任 J. H. 普鲁莫理论物理教授。1979 年，他担任剑桥大学物理系的执行副系主任，协助 A. B. 派帕德管理教学工作，直至 1983 年出任第八任卡文迪什教授兼物理系主任。约在 1989 年出任剑桥大学副校长，兼任卡文迪什教授。1995 年 9 月，他从卡文迪什实验室和剑桥大学退休。

S. F. 爱德华兹在 1965 年当选皇家学会会员，1975 年被封为爵士，1977 年当选皇家学会理事会委员，1989 年当选大英科学促进协会的主席。

S. F. 爱德华兹是著名的凝聚态理论物理学家，在聚合物、胶体、流变学、流体泡沫变化动力学和颗粒动力学上颇有造诣。在他任卡文迪什教授期间，将卡文迪什实验室的固体物理纳入凝聚态研究领域，形成以凝聚态物理为主的研究方向，并在科研和教学上为此作出较大的调整，使有关的科研队伍约占全室人力的三分之二左右。

与 A. B. 派帕德的民主管理和让各专业组按传统自行运转的管理方式有些不同，他认为系主任应当加强领导，因而在某种程度上恢复了集中管理的方式。在科研与教学关系上，他像 A. B. 派帕德一样，深感英国高水平物理教师的缺乏，主张加大物理教学和培养合格物理学家的力度，主张合并大学中各学院的物理系，以便集中人力和设备，提高物理的科研与教学水平。他是在战后美国培养出来的理论物理学家，十分重视运用电子计算机于理论计算上。作为卡文迪什实验物理教授，他也重视在物理实验数据基础进行计算机模拟，从而将理论和实验在高水平上予以结合，因此在治学方法上作出重要的变革。

⑨ R. H. **弗伦德**（Richard Henry Friend，1953— ）

R. H. 弗伦德生于 1953 年 1 月 18 日，系剑桥大学物理系毕业，在三一学院取得硕士和博士学位，1977—1980 年为剑桥大学圣·约翰学院的研究员。1980—1985 年任卡文迪什实验室的实验演示员，1985—1993 年任物理讲师。其间，他在 1986—1987 年到美国的加州大学的巴尔巴拉分校任访问教授，1992 年到皇家学院任访问研究员。他在 1994 年升任卡文迪什实验室的高级讲师，于1995 年 9 月被破格提升为卡文迪什实验物理教授兼物理系主任。

R. H. 弗伦德在 1993 年当选皇家学会会员，在 1996 年因为发明有机聚合物半导体材料，获得欧洲物理学会的奖励。他曾经负责卡文迪什实验室的光电子学组，取得重要的成就，被认为是年轻有为的新一代凝聚态物理学家。他在共轭聚合物描述、聚合物器件的电性和电光性、共轭聚合物的光激发、有机金属的电磁性质和高压技术等方面颇有研究。他在共轭聚合物半导体，特别在有机聚合物中加入杂质后可控制电荷输运和激子性质，可制成三极管和发光二极管等方面有重要贡献，从而使半导体材料从硅单晶和非晶（如玻璃等）半导体材料扩展到有机聚合物，大大拓宽了半导体材料的范围。光电子学是当前物理学发展的一大热门，R. H 弗伦德出任新卡文迪什教授，不但显示了剑桥大学起用年轻有为的物理学家以振兴卡文迪什实验室，而且意味着光电子学研究将上升为该室的新研究方向，其进一步发展动态值得认真注意。

从 J. C. 麦克斯韦出任第一任卡文迪什教授至今，共经历了上述九任卡文迪什教授，历时达 126 年之久。卡文迪什实验室不是追踪，而是开拓和领导了五次以上的世界物理发展的前沿研究方向。这些主要研究方向都是现代科学革命发展各阶段的主导学科，它们是电磁理论和电标准测量、气体放电和辐射的本质与性质、原子物理和核物理、以分子生物学和射电天文学为主的多向发展、固体物理和凝聚态物理。他们冲刺的领域由宏观的物体深入到原子内部，进而向宇观和生命物的遗传基因扩展，继而由物质三态分立走向它们的过渡相的机理及其光电子特性。这种发展还有一个鲜明的特点，就是从纯基础研究步步走向与工业技术结合，为技术和经济服务，从而显示出理论与实验结合、基础与应用研究结合、科研与教学结合的综合发展趋向，卡文迪什实验室的顽强生命力表现在不断适应现代科学革命和技术革命的需要，而逐步开拓新的研究领域，始终站在科学发展前沿的重要突破口上。

按照卡文迪什实验室各个时期的主研究方向，从全国范围着眼选择该方向的最优秀物理学家出任卡文迪什教授，早已成为剑桥大学历届评选委员会的既定方针，这也是现代科学和技术发展所要求的。N. F. 莫特曾经说过，系主任的主要责任不是在各专业组之间玩弄平衡，而是支持有才能的人去作出开拓，他说的开拓就是推动现代科学新前沿的快速发展。因此，历任卡文迪什教授都把发现和扶持新的科学思想萌芽和开拓新的研究领域及有关的人才，看作自己的首要任务和职责，A. B. 派帕德甚至从这个观点出发对历任卡文迪什教授的功绩作出评价。

一任卡文迪什教授在任职期间取得成功，相对地说来其可能性的几率是较大的，但是八、九任卡文迪什教授都能够取得值得称道的成功，其几率就小多了。N. F. 莫特认为，这就决定于该室播种知识的质量，A. B. 派帕德认为关键的原因是成功播种着成功，这些经验之谈是很有道理的。作为推动现代科学革命和现代科学发展的主力之一的卡文迪什实验室，所以能够在120多年中取得那么多而重要的成绩，确实与实行成功播种成功的方针有着十分重要的关系。

四

J. J. 汤姆森时期与现代科学革命

W. L. 布拉格曾经说过："J. J. 汤姆森打开了通向新物理的大门，他本人却从来没有进去过。"① 这是指 J. J. 汤姆森发现电子和提出物质电结构理论而言。

在 1884 年出任第三任卡文迪什教授兼卡文迪什实验室的指导之后，鉴于他的两位前任在固体电磁理论和实验上已经作出了奠基性的重大贡献，并且在各种电标准测量上作出了国际电工学会用作国际电标准与 CGS 制制订基础的贡献，他预见到在一定时期内在固体电磁研究上很难再有重大突破，同时还考虑到 M. 法拉第发现电解定律和提出离子概念之后，液体电磁理论在短期内不会有多大进展，就把该室的主要研究方向转到气体的电磁性质方面来，因此选择了气体放电作为主要研究方向。那时，他根据高真空度阴极射线管的研究情况，得出气体通电后可能有一些气体分子被离解成带正电和负电的离子，因而有一定的导电性。为了研究电离度或他说的漏电率及其性质和机理，他和助手们花费了大约 8 年的实验研究时间，提出了气体放电理论，因而使卡文迪什实验室成为气体放电的研究中心，显示出了开辟新研究领域的远见和卓识。

---

① J. G. Crowther: "The Cavendish Laboratory", Science History Publications, (1974), P. 183.

1. 电磁质量的发现——现代科学革命的先声

J. J. 汤姆森对现代科学革命的一个重大贡献，就是他早在E. 马赫（Ernst Mach）于1883年发表的《力学》中提出相对时间和相对空间概念之前的1881年，就发表了《论电体运动产生的电和磁效应》的论文。在这篇论文中，他根据麦克斯韦的电磁理论得出带电的球体的质量在运动中增加了$\frac{4}{15}uk^2\nu^2a(p^2+q^2+r^2)$，式中a为球的半径，ν为球体的势能，u和k为常数，p、q和r为运动速度在直角坐标轴上的分量。因此，他得出“带电效应将与球体质量中的$\frac{4}{15}uk^2\nu^2a(p^2+q^2+r^2)$相当”①，也就是说带电的球体的质量因运动而增加，其增加随速度的平方而变化，当速度近光速时，带电体的质量趋于无穷大。他的这个发现在物质观上具有重大的意义，因为从牛顿时代起，质量一直被认为是固定不变的，质量随速度而变化显然说明了质量具有相对性，从而冲破了传统的质量概念和物质观。

J. J. 汤姆森的这个重要发现，后来引起H. A. 洛伦兹（Hendrik Antoon Lorentz）的注意。在H. A. 洛伦兹的名著《电子论》中，特别指出在1881年的论文中“J. J. 汤姆森第一次引入了纵向电磁质量”，② 并且自己进而导出横向电磁质量。他说：“在低速时，二质量有同值$m'=m''=\frac{e^2}{6\pi RC^2}$。对于较大的速度来说，纵向质量永远超过横向质量，二者随β值增加，直至β

① J. J. Thomson, Phil. Mag. S. 5, Vol. 11, No. 68, (1881), P. 233.

② H. A. Lorentz: “The Theory of Electrons”, (1909), P. 37.

=1 即速度等于光速时，它们变成无限大。”[1] 这说明，在两种电磁质量中，纵向电磁质量起主要作用。第四代瑞利男爵在《J. J. 汤姆森的生平》一书中，特别提到J. J. 汤姆森在电磁质量上的工作，并说：“在 1881 年，他从理论的观点研究了带电荷 e 的半径为 a 的运动电球体的惯性……，从另一方面来说它具有质量，并按一定的假设将这些观念搞成定量的……这个观点由于 O. 洛奇等人的提倡而变得时兴起来。”[2] 1940 年，爱因斯坦在《关于理论物理学基础的考察》一文中说：“……J. J. 汤姆森指出：依照麦克斯韦的理论，运动着的带电体必定具有磁场，磁场的能量正好是给带电体增加的动能…这就产生了用场论来说明物质的问题，它的答案会提供出对物质的原子结构的解释”，“在 J. J. 汤姆森发现了带电物体有电磁质量以后，这种倾向更加明显了”。[3] 由这些史料可以看出，J. J. 汤姆森发现了电磁质量，不但改变了经典的质量概念，而且成为 H. A. 洛伦兹变换和狭义相对论产生的最早的和直接的依据。

电磁质量的发现改变了经典的物质观、质量概念和时空观，因而对现代科学革命产生了重要的推动作用，这也是他当选为卡文迪什教授的原因之一。

2. 电子的发现——揭开现代科学革命序幕的一大贡献

1895 年 12 月，德国渥尔兹堡大学的 W. K. 伦琴（Wilhelm

---

① H. A. Lorentz：“The Theory of Electrons”, 1909 P. 39.

② Lord Rayleigh： “The Life of Sir J. J. Thomson”, Cambridge,（1943）, P. 35

③ 许良英等译：《爱因斯坦文集》（第一卷），商务印书馆，1976 年，388 页，171 页。

Konrald Røntgn）发现了性质奇异的X射线，他第一批通知了6位国际上著名的物理学家，其中就有J. J. 汤姆森。J. J. 汤姆森见到通知后，深感这个发现的奇异性和重要性，而且是用阴极射线管作出的，与稀薄气体放电直接有关。他不但在卡文迪什物理学会上作了介绍，而且率领助手和部分学生立即投入验证工作，发现这个实验和发现是可靠的。1896年，法国的A. H. 贝克勒（Antoine Henri Becquerel）又意外地发现了铀盐的放射性。J. J. 汤姆森带领研究生E. 卢瑟福等投入X射线、放射性辐射、阴极射线和紫外线对气体导电性的影响研究。在当时的条件下，在开始时要发现这些射线的组成是困难的，人们对它们的研究主要放在它们的各种性质上，并且在阴极射线的组成上出现各种各样的看法，其中主要有英国的粒子说和德国的以太说之间分歧最大。在J. J. 汤姆森和E. 卢瑟福看来，存在英国的粒子说和欧洲大陆的以太说两种研究路线。例如，J. J. 汤姆森说："……德国物理学家把它们看作波，英国人毫无例外把它们视为带负电的原子或分子，这两种看法花很大的精力进行争论。"① 卢瑟福说："德国物理学派采取阴极射线是某种以太波观点，英国的观点像克鲁克斯声称的，它们实际上是抛出的以高速度运行的粒子。"② 为了研究这些辐射的组成，J. J. 汤姆森认为先从已经有了相当研究基础的阴极射线着手，因为这比较容易解决。因此，他在卢瑟福的帮助下制作有关的仪器，开始了研究阴极射线的粒子的本质究竟是什么的工作。

大约在J. J. 汤姆森发现电子之前，J. 道尔顿（John Dal-

---

① J. J. Thomson: "Recollections and Reflections", New York, (1937), P376.

② "The Collected Papers of Lord Rutherford", Vo1. Ⅱ, London, (1962), P. 404.

ton）的化学原子论已经深入人心，尽管法拉第早在 1853 年提出了分解元素的想法，W. 克鲁克斯（William Crookes）早在 1879 年提出了比原子还要基本的“物质第四态”，N. 洛奇尔（Norman Lockyer）在 1873 年提出随着温度的提高原子可以分解的预言。但是包括 J. J. 汤姆森在内的科学家们谁也不了解原子是否真的可分和如果分解了它们究竟会得到什么东西。大量事实说明，J. J. 汤姆森在实验研究阴极射线的性质和组成时，他只想搞清楚阴极射线的本质究竟是什么？以作为研究其他各种辐射组成的桥梁，根本未想到发现或寻找比原子更小和组成原子的粒子问题。科学史上有大量的科学发现往往不是预先有目的地去寻找的，而是探索某个问题时意外发现的一种副产品，电子的发现就是这样。试想，人们在那时连原子都没有测到或看到过，怎么可能在原子未发现的情况下去发现比原子更小得多的电子呢？

① 发现电子前的物质组成思想和阴极射线研究情况

电子的发现在 19 世纪末可不是件小事情，因为到那时连原子还不过是一种设想，道尔顿原子论也仍然停留在一种假说阶段。此外，冲破传统的和根深蒂固的原子论在那时是物质观变革的重大问题。在著名的 19 世纪末的三大发现中，X 射线的发现引起的戏剧性反响最大，但是就发现的科学意义及其对现代科技发展产生的深刻影响来说，电子的发现最为重要，因此人们往往用“电子时代”和“微电子科技革命”来说明发现电子的重要性。其实，就人类的物质观的根本变革和揭开原子内微观宇宙的整个科学领域来说，电子发现的哲学意义、科学和技术价值就极其重要了。

电子的发现有一个反常的特点，这就是它不是从打破其母体原子才发现的，而是从原子之外的阴极射线中发现的。因此，要介绍电子的发现，必须从阴极射线的发现和研究谈起，同时还要对传统的原子论作必要的说明。

从古希腊时代起，德谟克利特（Democritus）等早在公元前五世纪，就凭借他们的观察和推想提出了原子是万物组成的基本单位和著名的古原子论。按照德谟克利特的意见，原子是不可分和不可变的，原子之间以不同的数量和结合方式，构成形形色色的各种物质。他的原子论学派的继承人伊壁鸠鲁（Epicurus）则进一步提出原子可能会有内部的组成，但是却永远打不开，因此原子也是不可分和不可变的。中世纪的欧洲是由天主教廷统治的，除天主教义之外，还信奉亚里士多德哲学中的唯心主义成分，将科学视为叛逆加以镇压和迫害，自然视原子论为大敌，而得不到继承、宣传和发展。只是到了近代科学革命从1543年哥白尼（Copernicus）发表他的日心地动说开始时起，经过很多科学家前仆后继地奋斗，才由伽利略（Galileo Galilei）、弗. 培根（F. Bacon）、波义耳（R. Boyle）等逐步相信和运用。到了牛顿时代，才将原子论的观点运用到科学研究中，提出光的微粒说和物质组成粒子说。笔者在《原子论与近现代科学》一书（1993年，高教出版社）中提出“牛顿原子论”的说法，并且把牛顿的光微粒说和物质组成粒子说看成牛顿原子论的具体表现，把牛顿看成将原子论系统地用到科学上的最早代表人物。牛顿认为，原子是物质组成的基本单位，它坚硬到连上帝也打不破，也就是说他完全接受了古希腊原子论的观点，并且把原子看成最小的粒子，它逐步结合成不同层次和大小的粒子，物质之间的化合和分解不过是最小粒子因引力相互结合和因斥力彼此分解的现象。如果说牛顿的原子论及将它用到科学上由于时代的局限性，还带有不少自然哲学色彩，那么到了道尔顿（J. Dalton）的手里，就把原子看作物质化合和分解的基本单位，每种元素有它特定的原子及其原子量，分子不过是不同元素的原子按数量比例用化学力结合而成的。道尔顿提出了他的化学原子论，并且赋予各元素的原子以相对重量，因而用定量的观点将原子论具体化和科学化了。但是，道尔顿自己说明，他的原子论受到牛顿原子论的深刻影响，是在牛顿原子论的基础上发展而成的，因此他也认为化学原子是不可分和不可变的。这样，直到道尔顿时代，原子是不可分和不可变的框架始终束缚着无数的自然哲学家和科学家，几乎所有的人把它视为信条遵奉着，它促进了化学的大发展，却又进一步限制了人们向化学原子之内的微观世界发展。这种情况曾激发了一些科学家的怀疑和不满，但是除去说说之外，谁也拿不出真凭实据来否定它。

法拉第刚踏上科学道路不久，就提出改变元素是向化学家提出的要解决的问题，约在 1853 年他又提出分解元素是化学家值得做的事。W. 克鲁克斯（W. Crookes）在 1886 年提出元素进化的想法，并说现存的元素应当看作一个发展的产生过程，甚至认为存在“原子演化”现象。英国天文学家 J. W. 洛奇尔（J. W. Lockyer）在 1878 年举行的皇家学会会议上，提出原子和分子可以分裂的大胆想法，并且得到 W. 克鲁克斯的支持。他在 1900 年发表的另一本名著《作为光谱法的研究的无机物演化》中，提出了他的著名的无机物演化理论，并把无机物的演化建立在温度很高时产生内部组成的变化上，这是他长期研究太阳光谱得出的结论。在他看来，只要温度足够高，“化学元素会像植物一样，是进化的产物”。① 法拉第、克鲁克斯和洛奇尔都认为所有元素的原子都应该由某种共同的基本物质组成，只不过他们把这种共同物质分别叫作辐射物质、氖和某种基本物质罢了。沿着这样一条反正统的思路，年轻的实验物理教授 J. J. 汤姆森决心尝试一下，为此他选择了阴极射线作为突破点。

1834 年 1 月，法拉第在分析他的电化学实验结果和提出离

① J. N. Lockyer：“Inorganic Evolution As Studies By Spectrum Analysis”，London，（1900），P. 152.

子概念时，就感到带电的元素原子与传统的原子相比，有着带电荷这个特点，这与过去的原子论者的说法不符，因此他提出了电原子的存在。

约在1858年，德国数学家和物理学家普吕克（J. Plücker）发现，当他把装有正负电极的玻璃管内的气压抽至百分之几大气压时，在正、负极之间从负极射出一束射线。它产生的荧光颜色与玻璃管的材料种类有关，后来人们公认他在1859年发现了阴极射线，但是当时他并没有这样为它起名。后来，德国物理学家希托夫（J. W. Hittorf）在1865年和哥尔德斯坦（E. Goldstein）等在1876年分别发表论文，说明他们发现在阴极射线经过的路径中的障碍物在背后投下了阴影，哥尔德斯坦甚至把普吕克发现的射线称之为“阴极射线”。不久，英国化学家W. 克鲁克斯投入了这项研究，他在1875年在真空管内阴极射线经过的路途中间装上了一个小叶轮，发现阴极射线射到它上面时，小叶轮旋转，因而发现阴射线具有“光压”性质，即能在物体上产生压力，后来人们把这个装置称为辐射计，商店里甚至把它装在橱窗内，以招揽顾客。他本来认为这些现象不过是以太波动的作用，但是当他将自己制造的阴极射线管（又称克鲁克斯管）放在磁场和电场中时，却发现阴极射线的径迹发生偏转现象，也就是说阴极射线带有电性或电荷。此外，他还发现当阴极射线受到阻碍时，产生了热量，能将障碍物上涂的腊融化和将玻璃软化。他本来认为阴极射线不过是阴极放射出来的以太波，但是随着多种实验结果的展示，他感到用以太进行解释实在说不通，它无法说明为什么小叶轮涂黑色的一面产生的效果比涂白色的一面特别显著，无法解释为什么随着真空管内压力的降低，在管内会出现“黑色空间”，也无法解释阴极射线在电场或磁场内的方向发生偏转，更无法解释“光压”效应等，而以太说却是当时德国的阴极射线研究者们一致的看法。W. 克鲁克斯经过仔细分析和比较后，终于得出如果阴极射线由带电的粒子组成，则所有这些困难者都可以解决了。于是，他对阴极射线本质的看法在1877年元旦前后发生了根本的转变，即由以太说变为粒子说。这个改变是具有重要意义的，因为它不但意味着自牛顿提出粒子说以后粒子说在英国占统治地位的正确性，也说明德国人在阴极射线上的以太学说很可能导致他们在研究阴极射线的组成和性质过程中失败，而英、德两国不论在科学观点上和政治上，在长期的历史过程中经常处于对立状态。

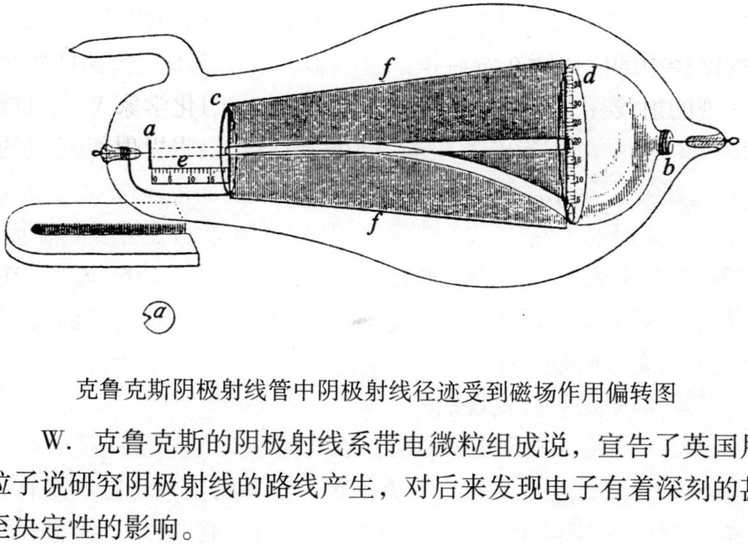

克鲁克斯阴极射线管中阴极射线径迹受到磁场作用偏转图

W. 克鲁克斯的阴极射线系带电微粒组成说，宣告了英国用粒子说研究阴极射线的路线产生，对后来发现电子有着深刻的甚至决定性的影响。

在W. 克鲁克斯的工作之后至J. J. 汤姆森发现电子之前，有三件事是必须介绍的，一件是曼彻斯特大学教授A. 舒斯特(Arthur Schuster)对电场和磁场的强度与阴极射线的偏转量进行了仔细的测量，算出了阴极射线粒子的带电量与质量大小的比值，后来人们称之为荷质比，他提出如果将它与氢原子量相比，可知其粒子的质量。他在1890年发表的论文中得出，阴极射线的荷质比约为液体中氢粒子的荷质比的500倍左右。德国物理学家P. 勒纳德（P. E. A. Lenard）约在1892年发现阴极射线能够穿过装在克鲁克斯管上的铝窗口，它的穿透力与靶材料的密度和阴极射线的速度有关。从阴极射线穿过材料的穿透性大小，可以判断材料的原子内大部分是空的，因而提出原子内会存在一个坚硬的中心，他称之为“dynamide”，也就是说他认为原子有内部组成，可是他的弱点是认为阴极射线是以太的波动，也没有提出原子内存在小于原子的带电粒子。另一件事是法国物理学家J. B. 佩兰（J. B. Perrin）在1895年做了一个很有意思的实验，他在大的阴极射线管内的板阴极前，放了两个内外套在一起的同轴线缸筒，每个缸筒上都开了一个小孔，外缸与地用导线相连，内缸中放有金叶验电器。阴极射线可以通过这两个对正的小孔进入内缸，而使验电器检验到它的进入，这时可测出它带负电，而当二小孔相对转动使阴极射线不能进入内缸时，外面的电场或磁场都不能使它的方向偏转。但是，他却无法解释其原因。J. J. 汤姆森发现电子的工作是在A. 舒斯特和J. B. 佩兰的研究方法的基础上，运用粒子说的观点并改进他们的实验仪器，进行比较精确的测量才作出的。

② 电子是怎样发现的？

J. J. 汤姆森发现电子首先是在思想认识上坚信阴极射线是由微粒组成的，这是牛顿之后英国物理学界的主导思想。没有这个指导思想，他不可能从粒子的观点去探索阴极射线的组成和性质，因而发现电子，而这正是在他之前几个著名的德国物理学家H. R. 赫兹（H. R. Hertz）、E. 哥尔德斯坦和P. 勒纳德做了大量工作，却因为认为阴极射线是以太波而未能发现电子的思想原因。

J. J. 汤姆在发现电子过程中，做过三种实验，① 一种是发展了前面谈到的佩兰实验。他几乎采用了同样的仪器结构，却用电流计取代验电器，把二同轴线的缸筒上的小孔改为槽缝，电流计与内缸筒相连，外缸筒与地面连接。阴极射线只有在受到磁场偏转后才能射到缸筒的槽缝中，因而会有大量的负电荷传到电流计上，从电流计指针的转动可以看出，阴极射线是从负极射出的带电粒子，从而反驳了以太说的支持者们把阴极射线说成以太波动。再一种实验是沿着 A. 舒斯特的做法和思路发展而来的，即观测阴极射线在磁场中的偏斜量，然后确定它的粒子的荷质比$\frac{e}{m}$值。这个实验装置是这样的，阴极射线管与一个钟罩式的玻璃容器垂直连接到左侧，在该管内阳极塞为中间带有缝隙的。当通电后，阴极放出的阴极射线通过阳极塞上的缝隙进入钟罩式的玻璃容器内，当将钟罩放在磁场内时，阴极射线的方向会因磁场作用而偏斜，其偏斜度可由装在钟罩内并与阳极相对放置的带有刻度的小正方形玻璃板表示出来。当钟罩内的气体的种类和气压的大小都不同时，则阴极射线因磁场作用扩散成的扇形分布和玻璃壁上的荧光分布情况也不同，因而可测出阴极射线在通过不同压力的气

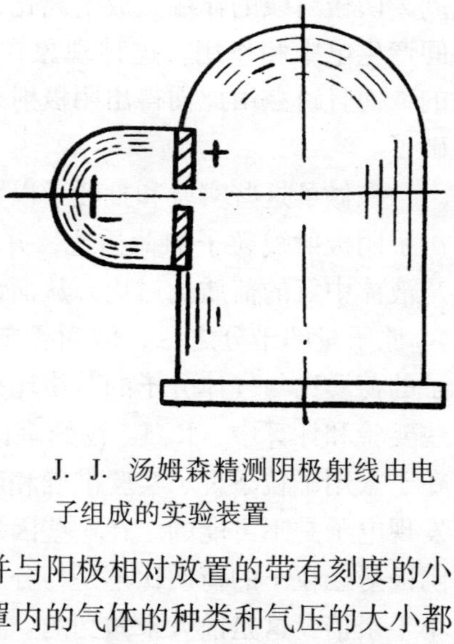

J. J. 汤姆森精测阴极射线由电子组成的实验装置

① J. J. Thomson："Recollections and Reflections", New York,（1937）pp. 332—340；Phil Mag., S. 5, Vol. 44, No. 269,（1897）, pp. 293—304.

体时在磁场中产生的偏转量。第三种是按照赫兹断言阴极射线通过磁场时并不发生径迹偏转的实验进行的，这个实验的阴、阳极与真空管在同一轴线上，阳极板中央带有缝隙，当通电后，阴极射线通过阳极中间的缝隙进入玻璃管中，在该管之内装有与电池相连的阴阳板，阴极射线行至此二极板之间，受电场作用而偏转方向，偏转量的大小与二电极间的电压大小成比例。通过这个实验，J. J. 汤姆森发现，阴极射线在磁场和电场中是偏转方向的，并发现赫兹的结果不过是在管内真空度不高时，其内的空气因为阴极射线的作用变成电离化，因而导电，以致在二板电极之间产生电中和作用，这种现象在真空度提高后是完全可以避免的，而且赫兹由此而得出阴极射线是以太波动的看法也就不攻自破了。

在做了这些实验和批驳了以太说之后，J. J. 汤姆森准确测出了阴极射线粒子的荷质比，并且仿 J. B. 佩兰的做法，将它与液体中氢的荷质比对比，从而计算出阴极射线粒子的质量约为氢 原子量的千分之一，因而否定了 A. 舒斯特得出阴极射线粒子的荷质比与气体分子的荷质比是同数量级的结论。显然，在这些实验和计算中，J. J. 汤姆森比他的各位先行者们高明之处就在于采用了粒子说、实验准确和改进了他们的实验装置，否则他发现电子是不可能的。在这些因素中，他以准确的测量数据得出阴极射线粒子的荷质比不是与分子的同数量级，而是比原子还要小千余倍，这是前人未做到的。

J. J. 汤姆森在 1897 年发表的《阴极射线》一文中，在得出阴极射线是由带负电的粒子组成之后，接着就提出了“这些粒子是什么？它们是原子还是分子？或者是再分割成更要微小状态的物质呢？”他回答说：“为了有助于这些问题的解决，我对这些粒子的质量与它们所带的电荷之比做了一系列的测量，为了确定这个数值，我采用了两种彼此无关的方法。"① 他提出的这三个问题正是电子发现的关键所在，而要解决这些关键问题只用一种方法是靠不住的，必须用两种以上的方法，然后将得出的结果加以比较，以便得出可靠的结果。

他用的第一种方法可以称之为能量法，得出的荷质比 $e/m = 2.3 \times 10^7$。他用的第二种方法是等偏转角法，即将电场和磁场的方向垂直放置，并且使阴极射线通过它们的长度和偏转角都相等，利用这个等值条件列出两者的等式方程，求出 $e/m = 0.67 - 0.9 \times 10^7$。由于 e/m 值与气体的种类无关，而在电解氢时测得氢的 $e/m = 10^4$，所以将这个比值与上面用两种方法测得阴极射线粒子的比值相比，可以发现阴极射线粒子的质量约为氢原子的 10^{-3} 数量级。② 尽管当时由于仪器还不够精确，但是得出存在比氢原子质量小 1000 倍左右的粒子存在的结论，却为电子的发现提供了可靠的证据。因此，他在 1937 年写的《回顾与反思》一书中得出：③

（1）原子不是不可分的。

（2）这些粒子的质量是一样的。

（3）这些粒子的质量小于氢原子量的千分之一。

这个结论是对经典原子论的重大冲击，因为它宣告了原子不是最基本的物质组成单位，原子也不像古代和近代预言的是不可分和不可变的，而是在各种元素具有不同的原子的背后存在质量和电性相同的新基本粒子——电子。

③ 电子名称的由来

---

① J. J. Thomson, Phil. Mag, S. 5, Vo1. 44, No. 269, (1987), p. 302.

② J. J. Thomson, Phil. Mag, S. 5, Vol. 44, No. 269, (1987), p. 310.

③ J. J. Thomson: "Recollections and Reflections", New York, (1937), pp. 338 - 339.

法拉第早在19世纪30年代研究电化学时，就提出电原子的想法，实际上就是他说的带电荷的离子。H. L. F. 赫姆霍兹（Hermann Ludwig Ferdinand Helmholtz）在1897年发表的法拉第讲演中，得出正电和负电可分成像电原子一样的确定组成部分。开尔文勋爵（Lord Kelvin）在1897年把电子称为“electron”，意思是“电离子”。但是电子的发现者J. J. 汤姆森在1897年发现电子时，是从寻找牛顿说的“微粒”（corpuscle）出发的，并且在他发现电子的论文《阴极射线》及以后的文章中，一直把它称为微粒，而不叫作电子，尽管第四代瑞得男爵后来建议他采用“电子”一词，可是他就是不改。只是到了第一次世界大战之后，这位电子的的发现者才顺应了科学界流行开来的说法，在文章中改用“电子”名称。

根据很多史料，包括比较可靠的开尔文勋爵和第四代瑞利男爵的介绍，“电子”一词是英国的G. J. 斯托尼（George Johnstone Stoney）博士于1891年在杜伯林皇家学会发表的论文中首次提出的，1894年被剑桥著名物理学家J. 拉摩（Joseph Larmor）采用，后来由H. A. 洛伦兹等人使用，由于这些著名科学家的引用和影响而广泛传播开来。

④ 发现电子的重大历史意义

电子的发现虽然只是发现了一个小的粒子，但是它在现代科学史上却具有非同小可的重大意义，这些意义概括起来主要表现在以下几个方面：

（1）电子是人类在漫长的历史中发现的第一个小于原子的基本粒子，它诱使科学家们认识到原子内部还会有一个十分复杂的小宇宙，也促使他们努力揭示原子结构的奥秘。例如，受到电子发现的启发而作出的发现就有α、β和ν射线、原子核和正电子等。

（2）电子的发现第一次打破人们对于原子是最小物质组成

单位和原子不可分与不可变的陈腐观念和框架的束缚，因而起了改变人类物质观的重要作用，成为揭开现代科学革命序幕的主要原因之一。

（3）电子的发现在科学技术上诱发了电子时代的来临，作为它在技术上的第一个表现是二极电子管的发明，这是由卡文迪什实验室早期培养出的研究生 A. 弗莱明（A. Fleming）在1904 年作出的。第二个表现是 L. 德弗莱斯特（L. de Forest）在 1906 年发明的三极管。由于真空管的发明，带来了第二次世界大战结束前电力通讯、控制和自动化生产的很大发展。随着晶体管和集成电路的发明，人类的生产和生活开始进入微电子科技时代。

（4）电子的发现带来了人们对它的对应粒子正电子的研究和探索，尽管 J. J. 汤姆森和其他科学家为了发现它而付出了三、四十年的劳动，却一直未获得结果，直到 1932 年才发现了它。正电子的发现说明，以电子与正电子正负对称的粒子对称性的发现，开始揭开宇宙中粒子具有普遍的对称性和反物质研究的序幕。

（5）电子的发现终于使人们了解到电不再是什么电素和以太的波动现象，而是物质中原子内电子在某种条件下产生的流动现象，因此出现了电的储存仪器——蓄电器和化学电池、太阳能电池等。因此，万千年来的闪电和摩擦生电的秘密终于揭开了。

3. 探索电子的对应物——正电子的尝试

J. J. 汤姆森在发现了带负电的物质单位——电子以后，就忙着用电子的组合和运动解释原子的结构和放射性元素的放射性现象，进而提出物质的电子结构理论，当时他称其为物质电理论，言下之意是把电子看成物质组成的唯一基本单位，物质的本性就是电性的。此外，他还在19世纪末为原子分裂的说法而做些理论推测。20世纪初，又由于开尔文勋爵（即威廉·汤姆森）根据19世纪出现的电分为玻璃电（相当于正电）和树脂电（相当于负电）的说法和电子发现的事实，于1902提出了电子分布在正电均匀分布的原子内部空间内，二者的总电量相中和，因此一般原子不带电，这就是开尔文的静电正负平衡的原子模型。J. J. 汤姆森见到这个情况，就着手把发现电子后自己的关于原子结构的想法也归纳成一种原子模型。1904年3月，他在《哲学杂志》上发表了《论原子的结构》论文，提出原子内的空间为均匀分布的正电球，电子呈环状分布于绕球心的许多平面上。电子之间以斥力相互排斥，却都与正电体以吸引力相互作用，因而保持正负电平衡。按原子内的电子数目及其排列的环数和各环上的电子数不同，说明各种元素的原子差异。[①] 这个模型是很著名的，曾经主导了当时的原子结构研究好几年，后来人们感到这个模型好像英国的一种面包，其内镶嵌着一些布丁，因而称之为布丁—面包模型。从电子的发现到1904年间，J. J. 汤姆森的名声飘扬全球，在国内皇家学会和大英科学促进协会的会议上讲解，到几个学术单位讲课，又被美国邀请去讲学，十分繁忙，几乎没有什么时间再开新的研究题目了。

作为一个年轻的实验物理教授，他的责任之一就是时时关注世界上自己研究领域的发展动态、存在的问题和解决的方法。他也认为宇宙间很多事物其几何图形都显示出一种对称性的特征，人分男女，动物有雌雄，日阳月阴，高山深壑……都呈现出一种对称性。在几何学上，圆按直径对称，球以三个通过球心的坐标轴对称……为什么带负电的电子不会有它的对称物正电子呢？它

① J. J. Thomson, Phil. Mag., S. 6 Vol. 7, No. 39, (1904), P. 237, P. 254 - 225, P. 264 - 265.

们的电性应该相反，质量和大小相同，都是可以按对称性预见的。如果它存在，怎样用实验方法去寻找呢？这些想法自从电子发现的情况明朗化出现时，断续地出现在他的脑海中。他也早就知道，E. 哥尔德斯坦在德国花了很长时间研究阴极射线的性质和组成，而且在1886年又试图用与产生阴极射线相对应的方法，在抽成真空度不大的管中装上与阳极同轴线的和中部带孔的阴极，企图发现阳极射线，并且他也确实发现了从阳极向阴极发射的射线，他称之为"隧极射线"。这种射线的颜色与阴极射线不一样，并且他发现它不能被磁场所偏转，因而一直惶惑不解。约在1898年，另一位德国物理学家W. 维恩（Wilhelm Wien）用较强的磁场和电场进行实验，发现了隧极射线的径迹发生偏转现象，这意味着它带有正电荷。另外，W. 维恩还根据发现阴极射线在磁场和电场中偏转后测算荷质比的办法，测算出隧极射线粒子的$\frac{e}{m}$值在10^4数量级，也就是与电解液体中氢原子的$\frac{e}{m}$值同数量级，但是他还不能测出这种质量与氢原子相当却带正电荷的粒子究竟是什么？

发现电子的J. J. 汤姆森实际上到1905年才腾出手来研究隧极射线，但是他认为还是称它为"阳极射线"或"正射线"（positive rays）比较合适，实际上他采用了"正射线"这个名字。他说，他认为对这种射线的研究将对搞清正电载体的性质会有帮助，也就是通过这种研究可以了解或发现"正电子"是什么？他还说，这些正射线的粒子究竟是一样的还是多种的？为了搞清这两个问题，他将正射线通过两对平行的正、负板电极中间的空间，一对与另一对垂直，分别形成等长度和等强度的磁场与电场。如果所有的粒子是一样的，则径迹偏转后形成的抛物线都会落到距阳极相等距离的各点上，如果其中有双电荷的粒子，则因为与磁场或电场的相互作用强，它抛出的距离就会是单电荷粒子的一半。J. J. 汤姆森就是用这样的方法将一种气体元素与它的同位素识别出来的。例如，他得到了与氮、氧和碳的分子相当的抛物线径迹，并且将氢与氦的分子的抛物线及其落点区分开来。他还将氖、氩等气体装入他的管内，抽成较高的真空度，然后射入正射线，由它们的抛物线径迹判断出氖中有两种，一种的原子量是20，另一种是22，他说这就是索迪（F. Soddy）在不久前预言的同位素，这也是第一次用实验发现的第一种氖同位素。

J. J. 汤姆森通过一系列实验发现正电荷与负电荷不同，它能够被所有的气体、很多的元素或化合物的原子和分子所携带，带正电的粒子恰好就是失去一个电子的粒子，从而说明单位正电荷不过是粒子失去一个电子造成的，这就使他中止了探索正电子的研究，而转向研究如何测定同位素，这个工作随着 F. W. 阿斯顿（F. W. Aston）从伯明翰大学调来而大大加强了。阿斯顿来到卡文迪什实验室，在 J. J. 汤姆森的直接指导下利用他的熟练的仪器制造技术，终于发明了可以测定绝大多数元素的同位素的质谱仪，而获得诺贝尔物理奖。

后来关于正电子的研究表明，它像一个半明半暗的梦。在 J. J. 汤姆森提出粒子失去一个电子之后，这个粒子就带正电荷，好像正电子不是一个独立的实体，而只是负电子失去后的回光反照。实际上，卢瑟福在稍后的研究中也是这样理解和运用这一看法的，但是到了 1914 年，他在经过十几年没有找到正电子的情况下，在几个国家邀请他讲学时，正式地提出正电子就是氢原子核，它与电子配对，这是在他实在找不到正电子时作出的推断。可是，在 8 年之后，他通过人工轻元素嬗变的研究，提出了与负电子的质量相等和电荷相反的正电子应当存在的预言，到了 1932 年，这一预言终于被美国的 C. D. 安德森（Carl David Anderson）和卡文迪什实验室的 P. M. S. 布莱克特（Patrick Maynard Stuart Blackett）所证实。

从正电子的研究到发现的过程表明，宇宙间的粒子甚至万象具有对称性是一个比较普遍的规律，J. J. 汤姆森在本世纪初抱着这个信念去寻找，经过很多的曲折和时间，只是由于当时的技术条件不足而未能发现，却由他的学生的学生一代代努力下去而发现和证实了。这说明，探索未知的自然现象和规律，既需要科学的想象，更需要坚韧不拔的毅力，尽管这种努力是长时间的，有时要经过几代人的奋斗，终会得出个结果来：是和非。正反的经验和教训对于后来者是十分重要的。

4. 改革研究生制度面向世界广选人才

年轻的J. J. 汤姆森思想开放，对国内外新生事物敏感，富于民主管理特色。他参照德国的博士生制，改革英国传统的数学优等生制等旧体制，并首创面向世界招收研究生，为他们解决基金问题。剑桥大学根据他的建议决定在卡文迪什实验室从1895年开始试行，从而从新西兰、爱尔兰和英格兰选择了四个硕士研究生。J. J. 汤姆森以极大的热情投入了这项工作，申请到在伦敦举行的第一次国际博览会设立的基金，对有的研究生给以资助。果然不出所料，这些学生带着自己过去的研究题目从四面八方到来，很快地利用剑桥的良好条件开始自己的专题研究，成效十分显著。卢瑟福从新西兰的坎特伯雷学院来，他在那里用自己制造的无线电发射器和检波器，取得了跨建筑物半英里距离收发无线电信号的成绩。到这里后，又改进了自己的电磁检波器，取得了从卡文迪什实验室到剑桥天文台约两英里的收发成绩，这是在意大利人G. 马可尼（Guglielmo Marconi）在1896年后期宣布的成绩之前取得的，其传播和收发距离是创纪录的，堪称发明无线电的先驱者。J. J. 汤姆森十分高兴，就让他赶快将结果整理出来，到英国皇家学会表演和报告，并且在1896年在大英科学促进协会的年会上报告和表演，引起与会的科学家们的极大注意，他的论文也在皇家学会的会报上发表了。一个刚成立一年的卡文迪什实验室研究生班，只用了不到一年时间就作出这样大的成绩，自然使英国科学界十分注目，剑桥大学其他学院认识到建立新的研究生制的好处，纷纷建立起来，而成为英国高等教育的一次重大改革。这项改革的重要之处在于它将卡文迪什实验室和剑桥大学推向了世界，使这个实验室开始变成世界性的科学机构。卢瑟福对于自己能够登上皇家学会讲坛作报告，能够在举世著名的刊物上发表自己的文章，自然喜出望外，并特意把这个消息写信告诉他在新西兰的母亲。

学位制研究生班旗开得胜，使J. J. 汤姆森很高兴，感到这样的改革得到全校的肯定，就大起胆来，按照卢瑟福的建议，在每天午后中间休息的喝茶时间，建立一个固定的茶时漫谈会。全实验室不分教授和学生，不分年老的和年轻的，大家一律平等相处，不分种族和信仰，随意谈论，特别是来自各地的学生和访问学者讲他们国家风土人情，新闻趣事，甚至美国新总统的选举结果，也是在这种会上由美国学生首先告诉大家的。J. J. 汤姆森后来说，在这种会议上，大家可以谈论除物理之外的、太阳之下的一切事情，气氛自然活跃，但是谈来谈去还是要谈到自己的实验和研究中的想法与困难，相互切磋，往往会出现意想不到的好想法，用到研究上很有用。于是，茶时漫谈便成了这个实验室一天中最令人向往和愉快的时刻。不久J. J. 汤姆森又想出个让大家高兴的办法，由教授夫人来主持，教授及其夫人备茶点，大家一面谈，一面吃喝，气氛更加轻松自然，效果就更好了。以致有的外国学者慕名而来，别的地方可以不去，却必须参加每天的茶时漫谈，为的是了解卡文迪什实验室这个能够调动大家积极性的和兴致盎然的形式的秘密。

卡文迪什实验室在1895年还建立了每年圣诞节举行聚餐会的制度，每年都邀请几位曾在该室工作或学习过但却取得了重要科学成就的校友回来，讲讲他们对过去的回忆和取得成就的经过和经验。每次例会，教授都要讲讲一年来该室的进展情况和取得的成绩，学生或研究人员中的有成就者讲他们取得成就的经过，有些青年人还会写些歌颂该室或教授的诗篇，使气氛活跃而富有诗意。例如，在1904年圣诞节前举行的聚餐会上，有一个青年学者朗诵了他自编的一首诗：

当教授解答了一个新的谜底，
或者发现了一个新颖的事实，
他会高兴得像一把提琴，
走到茶室里坐在中间，
诙谐地谈论太阳之下的一切事情。

这首诗说明了J. J. 汤姆森每当作出一项新的发现时，就会在当天的茶时表现出明显的喜悦，像一把美妙的提琴，演奏着世界上所有柔美的乐章，谈论着太阳之下的一切有趣的事情。有时，会上还有过别人以J. J. 汤姆森自言自语的语气写作的诗篇：

我的名字是J. J. 汤姆森和实验室在自由学校胡同，
没有一个教授像我那样留住了所有的学生；
我在这里26年还将继续在这里不动，
因为我在自由学校的实验室里的那些孩子对我敬重。

人们为我们做的奇特事情而喜悦，
少数人却对我们是这样愉快的同伴有看法；
假如今晚他们有人在这里我想他们就会明白，

在自由学校胡同我们不像灰尘那样干瘪。

这首诗说明，在本世纪初J. J. 汤姆森与他的学生们和同学们之间的鱼水之情。尽管他们的队伍越来越大，成果日益突出，但是对这个学制改革有看法的人还有一些，他们如果看到聚餐会上大家那么愉快和兴旺，就会认识到这个改革是收效颇大的。每年的聚餐会，都有值得称赞和怀念的几首打油诗，时间长了，有心者将它们编成诗集出版了，成为广为流传的佳话。

J. J. 汤姆森开创了招收女研究生的先例，这也许是他的开明政策的又一表现吧，而他的妻子就做过他的研究生，并且在他管理这个实验室的不少活动中起了贤内助的作用。

由于硕士研究生制在实行后的几年中，成效很大，得到剑桥大学校领导和各个学院及系的好评，到1920年就改成博士生制，并且以法国青年物理学家P. 郎之万（P. Langevin）在1898年的到来为标志，将研究生的招生范围从英国及其殖民地扩大到全世界，而且人数不断增多，卡文迪什实验室已经发展成第一个世界性的科学组织了。J. J. 汤姆森在1937年出版的他的回忆录《回顾和反思》一书中说："1895年是卡文迪什实验室历史上最重要的一年，因为那时有一个规章付诸实施，按照这个规章其他大学的毕业生被允许到剑桥做研究生。"①

5. 从新西兰招来一只打洞很深的野兔

1894年在大学毕业考试中以数学和物理双第一的优秀成绩，卢瑟福在新西兰的坎特伯雷学院获得了文学硕士学位。在他在留

① J. J. Thomson: "Recollectioms and Reflections", Macmillan Company, New York, (1937), P136.

校继续作研究的一年之中，从麦克斯韦的研究生和二极电子管的发明者 J. A. 弗莱明（J. A. Fleming）的著作《交流变压器》中，知道了德国物理学家 H. R. 赫兹（H. R. Hertz）在 1887 年用一个很简单的检波器接收莱顿瓶或火花放电时发出的电磁波，从而证实了麦克斯韦早在 1864 年对电磁波存在的预言。卢瑟福对此产生了很大的兴趣，就开始运用自己学到的知识，制作了他自己发明的电磁检波器，隔障碍物检测到半英里之外发出的电信号，这对于生活在南太平洋岛屿的年轻人来说，无疑是一项十分难得的发明。

就在 1895 年的早些时候，当卢瑟福从学校中得知英国有一笔 1851 年大英博览会奖学金，可以每两年授予新西兰的一位大学毕业生，供他们到英国本土的大学做研究生的消息时，在老师的支持下报了名，虽然考取了第二名，但是因为考第一名的人结婚而不能前去，他被意外地选中了。当他的母亲到田野里将消息告诉在挖马铃薯的儿子时，他立即抛下了手中的锄头，高兴地喊道："这是我挖掘的最后一个马铃薯了！"

卢瑟福将他研究无线电的论文先寄给接收他做研究生的剑桥大学卡文迪什教授 J. J. 汤姆森，使这位未来的导师十分高兴，J. J. 汤姆森和他的夫人不但热情地接待了他，而且对他的生活和工作作了十分周密的安排。他到剑桥时把自己过去造的检波器也带去，所以不到几个星期就在研究中显示出他的才华。他的老师很快就认识到这个苏格兰后裔和新西兰青年是一个十分出色的、有能力的和个性坚强的人。他不但很快改进了自己的检波器，而且在铁和钢的电磁性质上作出了不少新的发现，当他从剑桥大学天文台收到两英里之外的卡文迪什实验室发出的电磁波之后，他的老师对他取得的史无前例的成绩兴奋万分，心想总算在他的实验室里出现了验证和实现第一任卡文迪什教授的理论和预言的人了。证实麦克斯韦理论的竟是个德国人，而不是麦克斯韦亲手建立起来的卡文迪什实验室的人，曾经使不少英国人感到羞愧和不安，而这恰恰出现在J. J. 汤姆森继任卡文迪什教授的3年后，使他感到内疚，他解释说这是因为该室的研究方向转到气体放电的缘故。卢瑟福的成绩使他感到安慰和自豪的同时，又有些对研究方向的担心。

卢瑟福的研究结果不但在卡文迪什物理学会上介绍，而且J. J. 汤姆森要他整理好后上报皇家学会，要在该学会会议上表演实验，并又在大英科学促进协会的年会上报告论文和演示实验。这些成绩和荣誉对于一个刚到剑桥不到一年的学生来说，是一个极重要的事件。于是，剑桥的学者们因感到卡文迪什实验室试点建立学位制研究生取得了很大成绩沉不住气了，当时有一位剑桥知名学者A. 巴尔弗（A. Balfour）说道："我们从地球的对面搞到一只野兔，它的洞打得很深！"新西兰在英国本土人看来是个世外边远的荒野岛屿，那里是英国"劳改犯和思想异端"的人去的地方，那些粗野的人生下的儿子也必然是个野种，卢瑟福到剑桥那么短的时间居然作出那么大的成果，使剑桥的自恃高贵的学者深感奇怪和震惊，这也反应了J. J. 汤姆森进行研究生制改革所取得的重要成绩。于是，剑桥的死水掀起波澜。

就在卢瑟福决心再改进他的仪器，争取使无线电的收发距离达到10公里、16公里时，他的老师想到这个发现是否会有商业应用的发展前途呢？J. J. 汤姆森为此向电磁学权威、这时已经成为开尔文勋爵的威廉·汤姆森请教，后者认为需要10万英镑。这对剑桥大学来说，是一个不可能承担的巨款，而X射线和放射性的发现又召唤着卡文迪什实验室加强新物理实验研究，因此，J. J. 汤姆森只得建议卢瑟福转到气体放电和辐射线的组成与性质的研究。这个转变对于卢瑟福来说是很大的，有损失又有有益的一面，因为他制造电磁仪器的特长和电磁知识恰恰是他日后研究放射性所需要的。他毅然改变了方向，很快发现了放射性辐射是由α、β和γ

射线组成的，后来又变成研究放射性的世界权威。

与英国的最著名的伟大科学家牛顿和法拉第相比，卢瑟福身强力壮、精力充沛、总是愉快地带领一批批科学家勇往直前，他不仅在刚投入科学研究时像一只打洞很深的野兔，而且简直是一头向微观宇宙冲锋陷阵的黑马，所向无敌。J. J. 汤姆森以他的卓识和善识千里马发现了包括卢瑟福在内的一大批优秀人才，这本身就是对现代科学革命的一大贡献。

6. 培养的诺贝尔奖获得者

在J. J. 汤姆森任卡文迪什教授期间，经他的培养或直接影响而获得诺贝尔奖的有8人，包括他在内达9人。其中有两对父子双双获得诺贝尔奖。应该说明，这9人中未包括第三代瑞利男爵，而W. H. 布拉格曾经在卡文迪什实验工作一年左右，但是因为与他合作的W. L. 布拉格在该室工作，因而计入。

在至今96年的诺贝尔奖颁发史上，父子双双获得该大奖的确实并不多见，据笔者统计可能只出现四对，而且都是诺贝尔物理奖获得者，他们是J. J. 汤姆森与其儿子G. P. 汤姆森（G. P. Thomson）、居里夫人与其女儿和女婿约里奥—居里（I. Joliot - Curie，F. Joliot - Curie）、W. H. 布拉格（W. H. Bragg）与他的儿子W. L. 布拉格、N. 玻尔（N. Bohr）和他的儿子A. 玻尔（A. Bohr）。其中J. J. 汤姆森父子和W. H. 布拉格父子都出自卡文迪什实验室，而且在该室至今共获得的25个诺贝尔奖中占了4个，达到16%，可谓世之罕见了。这个现象从另一个侧面说明了卡文迪什实验室在出人才和出成果上，作出了多么令人赞叹的重要成绩。

① J. J. 汤姆森父子

J. J. 汤姆森在卡文迪什教授任职期间，因为气体放电方面的研究和发现电子获得了1906年度的诺贝尔物理奖。在授奖的仪式上，瑞典科学院院长克拉森讲道，麦克斯韦对电作用的研究取得了很大的成就，并说："人们有理由相信，最近几年关于通过气体放电的重大发现将被证明同样具有重大的、或许具有更重大的意义，有助于阐明我们对物质的认识。在这方面，剑桥大学的J. J. 汤姆森教授，今年的诺贝尔奖获得者，以他过去多年勤奋的研究和实验作出了最宝贵的贡献。"他还说："这些工作使我们这个时代的自然哲学家们有可能从新的方向进行新的研究。因此，您称得上踏着你们伟大而著名的同胞法拉第和麦克斯韦的足迹前进，成为科学界中光荣的和崇高的典范的人。"这说明，英国的物理学在牛顿力学之后又出现了电磁理论新时代，由法拉第和麦克斯韦开创的电磁理论学派，在J. J. 汤姆森身上得到继承和发扬。

J. J. 汤姆森以"负电的载体"为题目发表了他的诺贝尔讲演，特别就他研究电子的结论作了说明，他说："我称为微粒的负电载体，它的质量比我们已经知道的任何元素的原子的质量都要小得很多，而且不论从什么来源产生的负电，都具有相同的性质，因而表明电子确实是普遍存在的、比原子小得多的物质组成单位。"然后，他就发现电子的证据从阴极射线在电场和磁场中的径迹偏转，可测出荷质比约为10^4数量级，对于比氢原子质量小1700倍、电子是普遍存在的和分布的、电子电荷为3.1×10^{-10}静电单位或10^{-20}电磁单位作了比较具体的说明，最后算出电子的质量约为6×10^{-28}克。从而以确凿的科学证据论证了电子的存在和性质。

G. P. 汤姆森在1927年用实验证实电子的波动性，从而对L. 德布罗意（Louis de Broglie）提出的物质波理论提供了确证，这个理论的重要性还在于它导致薛定谔（E. Schrødinger）提出了量子力学的波动力学，从而对量子力学的确认作出了重要贡献，他与美国电话和电报公司的贝尔电话实验室的 C. J. 戴维森（C. J. Davisson）一起获得 1937 年度诺贝尔物理奖。

G. P. 汤姆森是 J. J. 汤姆森与其夫人（J. J. 汤姆森过去的研究生并在卡文迪什实验室工作的）R. 帕格特（R. Paget）女士结婚后生的儿子，在剑桥读中学和大学，在卡文迪什实验室做过物理实验研究，在父母的指导下很有长进，后来到阿伯丁大学出任自然哲学教授，并在那里做了电子衍射实验，证明了物质波理论，他在剑桥时期时为三一学院的青年研究员，再加上他基本上是在卡文迪什实验室的传统和学风熏陶下长大，因此他获得诺贝尔奖被列入了卡文迪什实验室的获该奖的名单之内。

瑞典科学院诺贝尔物理奖委员会主席普雷叶教授在授奖仪式上说，将该奖授予 G. P. 汤姆森是因为他发现了晶体对电子束产生的干涉现象，进而扩大了人们对电子本性的认识，对物质的波动性提供了第一个肯定性的实验证据。

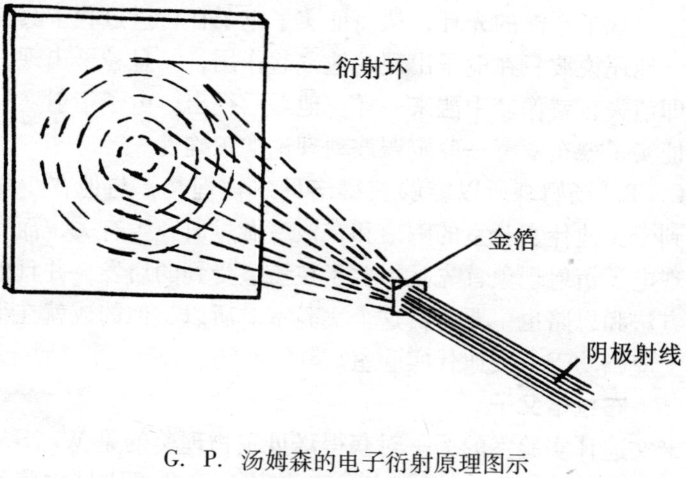

G. P. 汤姆森的电子衍射原理图示

G. P. 汤姆森在 L. 德布罗意提出物质波理论后，十分感兴趣，物质波如存在就会产生衍射效应。有一天，他到卡文迪什实验室看到氦原子对电子产生散射的现象，就认为这可能是电子衍射的结果。于是回到阿伯丁大学用铂片做实验，果然发现了图像边缘有晕圈的现象。他和他的研究生 A. 雷德（A. Reid）在发表的论文中写道，用光度计测量这些晕环照片的强度……在强度与距离的关系曲线上出现了峰值，当电压提高到 13000 伏时，出现了两个光环，甚至四个环，可是却找不到第三环，认为可能是强度弱的缘故。如果说峰值与光环对应，则峰谷就与环间的阴影对应，因而显示出电子束经过金箔的晶格时出现的波动性。他还在他的诺贝尔奖讲演中说明，当他们用阴极射线照射厚度仅 10^{-5} 厘米的金箔时，箔片的每个原子对阴极射线中的电子的前进波都会以相同的相位散射出一个子波，干涉现象因之发生。由于金箔的晶体上的原子是有规则排列的，因此散射波的相位在各确定方向上彼此存在确定的关系，在某些方向上它们的相位相同，形成了强散射波，在另一方向上它就会干涉而相互抵销，因而在照片上出现了干涉的光环，从而证实了电子在行进过程中具有波动性。他还说波只在电子出现的地方起作用，一旦粒子出现，波就立即消失，就像梦中醒来一样。他最后得出，电子衍射实验出色地证实了德布罗意—薛定谔波动理论的正确性。

G. P. 汤姆森所以能够获得诺贝尔物理奖，与他在少年时代受到卡文迪什实验室的陶冶和在该室做过研究生有关，而且他能发现电子衍射现象首先是得益于在该室受到的启发，并且他的研究方法和思路也主要得自这个实验室。所以，他的成就在很大程度上应归功于卡文迪什实验室。

② 布拉格父子

卡文迪什实验室的另一对获得诺贝尔物理奖的是 W. H. 布拉格和他的儿子 W. L. 布拉格。与其他父子获得诺贝尔奖不同的是，这对父子是因为做了共同的实验发现才获此殊荣的。他们获得该奖的原因是根据 X 射线照射，发现了晶体点阵有规则排列的平行面反射 X 射线的数学处理方法，又称为布拉格定律，据此可以算出晶体的点阵结构。

瑞典科学院的诺贝尔物理奖委员会主席格朗维斯特教授在授奖仪式上说，根据 M. 劳厄（Max Laue）公式计算晶体结构是一个很复杂的问题，原因不仅在于空间点阵，更重要的是在 X 射线光谱中，波长及其强度分布都是未知量，而布拉格父子却发现了晶体衍射现象可以通过晶体点阵中各点的规则排列平面的反射，进行数学处理，因而找到了解决晶体结构的简单数学方法。他还说，布拉格父子有时在一起，有时却是各自独立地做了一系列极为重要的晶体结构工作。感谢他们为晶体结构研究创造了极为有用的方法，并说这些方法开辟了一个崭新的领域。

年仅 25 岁以 W. L. 布拉格代表他和他的父亲在 1922 年的授奖会上发表了他的诺贝尔奖讲演，这个奖授予时间为 1915 年，却因为第一次世界大战爆发，拖至 1922 年 9 月 6 日举行诺贝尔奖颁发仪式。他在讲演中首先把用 X 射线研究物质结构的功劳归功于劳厄教授，因为正是 M. 劳厄的发现才使他们父子有可能在这个新科学领域中作出了所有的成绩。他说 M. 劳厄从 X 射线衍射的效应中认识到，大自然中的晶体给我们提供了非常适用的光栅。他也谈到他们父子用具有面心立方晶体结构的闪锌矿，以及具有简单立方点阵晶体结构的氯化钾和氯化钠做的 X 射线衍射实验中，在 W. H. 布拉格用自己制作的 X 射线摄谱仪观察到，当 X 射线对处于一定角度的某晶面照射时，出现了异常强的反射，第一次观察到 X 射线中存在“标识谱线”，测量这些谱线的角度便成为研究晶体内原子排列的最有效方法，从而对固体中原子的真实排列有了透彻的了解。W. L. 布拉格由此提出，晶体图样的限定排列形成空间点阵状态，每个限定排列以相同的方式一再重复，而且在各方向上的间隔都很有规则。为了测定空间点阵晶胞的大小和晶胞各边简单的平移，他提出只要已知波长的单色 X 射线被不同晶面反射的角度满足 $n\lambda=2d\sin\theta$ 关系式，反射就会发生。式中，n 是整数，λ 是 X 射线的波长，d 为平面间隔，θ 是正射线产生反射时的掠射角。所以，α 可以通过测量出反射角 θ 求得，晶胞的大小也可以通过测量多个平面的 α 求出。有了晶胞的大小，就可以算出晶胞内有多少个原子或分子，从而可用作确定晶体密度和分子质量的根据。

为了测定单个晶体的原子结构，需要分析晶体中单个原子周围的电子对 X 射线的衍射，在有些方向上原子会促成强的反射，有另外一些方向上又会由于两者相互干涉而彼此抵消。原子的有规则排列可以从不同平面和不同顺序反射的 X 射线的强度的比较中推导出来。

$n\lambda=2d\sin\theta$ 公式又被称为布拉格定律，正如当时的诺贝尔奖委员会主席朗斯维特教授所说，布拉格父子运用这个公式可以决定各个晶体平面散射脉冲形成的一系列波的波长，确定各点阵中阵点平面之间的距离，其误差不超过百分之几。

布拉格父子的研究，继 M. 劳厄等之后，将晶体物理带入到崭新的定量研究阶段，并且可以具体地测定和计算出与晶体点阵结构有关的许多数值，因而对固体物理后来的发展打下了坚实的基础。

按照 J. G. 克劳瑟（J. G. Crowther）的统计，J. J. 汤姆森直接培养过的诺贝尔奖获得者有 8 人，他们是卢瑟福、里查森（O. W. Richardson）、W. H. 布拉格、W. L. 布拉格、F. W. 阿斯顿、C. T. R. 威尔逊、G. P. 汤姆森和巴尔克拉（C. G. Barkla）。下面按他们获得诺贝尔奖的年代和原因列表说明如下：

获 奖 者	获奖时间	获 奖 原 因
E. 卢瑟福	1908	研究元素蜕变和放射性化学
W. H. 布拉格	1915	用 X 射线法分析晶体结构

获 奖 者	获奖时间	获 奖 原 因
W. L. 布拉格	1915	用X射线法分析晶体结构
C. G. 巴尔克拉	1917	发现元素的标识X射线辐射
F. W. 阿斯顿	1922	发明质谱仪并用以发现多种同位素，发现原子结构和原子量整数规则
C. T. R. 威尔逊	1927	用蒸汽凝聚使带电粒子可见的方法
O. W. 里查森	1928	发现里查森定律（电子放射决定于温度）
G. P. 汤姆森	1937	用电子照射实验发现晶体内的干涉现象

应该说明，在这8个诺贝奖获得者中，虽然都先后做过J. J. 汤姆森的研究生，而且自己获得该奖的工作与他的帮助或指导有直接或间接的关系，但是卢瑟福、W. H. 布拉格和G. P. 汤姆森获该奖的研究工作基本上不是在卡文迪什实验室进行的，只是由于这些研究的起点、想法的产生或研究过程与该室的关系密切，而被列入的。

除去本章前后对卢瑟福、布拉格父子、F. W. 阿斯顿、C. T. R. 威尔逊和G. P. 汤姆森做过或将做必要的介绍之外，这旦对C. G. 巴尔克拉和O. W. 里查森的工作做些补充介绍：

O. W. 里查森于1900年进入卡文迪什实验室做实验物理研究生，那时J. J. 汤姆森已经开始实验研究J. 爱尔斯脱（J. Elster）和H. F. 盖特尔（H. F. Geitel）发现的一种现象，即热的细金属丝在真空中放出的负电被磁场所减弱，试图通过它们被电场和磁的作用产生的偏转量求出其荷质比。O. W. 里查森在J. J. 汤姆森指导下参与这项研究，他发现受热金属丝在真空中放射的带电粒子数，决定于金属表面的状态，并与金属的温度关系很大，在1901年提出了以他的名字命名的里查森定律，它的数学表达式为 $i = AT^{1/2}e^{-\omega/eT}$，1911年改为 $i = AT^{2}e^{-\omega/eT}$，A为普适常数，约为 $4\pi m K^3 e/h^3$，m 和 e 是电子的质量和电荷，k 和 h 分别是玻兹曼常数和普朗克常数，ω 是材料常数。由这个经验公式可确定真空管或灯管中金属丝放出电子的电流大小，从而对改进它们的性能和热离子管的发明，起了很大作用。

O. W. 里查森在 1906 年到美国普林斯顿大学任教授，在 1913 年当选英国皇家学会会员后，于次年出任伦敦大学国王学院的物理教授，1939 年被国王封为爵士。从他的这种经历可以看出，他的热离子发射定律最早发现于他在卡文迪什实验室读研究生时，后来经过不断的多年验证和补充，以及排除种种误解后，才终于得到完全确认，因此迟至 1928 年才获得诺贝尔物理奖。

C. G. 巴尔克拉是在 1898 年从利物浦大学物理系毕业并于次年获硕士学位后，进入卡文迪什实验室做物理硕士生，在 J. J. 汤姆森指导下研究电波沿导线的传播速度。在 1902 年他开始研究 X 射线照射金属元素产生的特性。当时，他发现当 X 射线照射到固体物质上时产生了两种次级辐射，一种与入射的 X 射线相同的不带电的散射 X 射线所组成，另一种是每种元素物质所特有的荧光辐射，他称之为“元素的 X 射线受激特征辐射”，也就是说每一种元素对应地具有一种由 X 射线激发所产生的特征辐射，这种特征辐射与元素的物理条件和化合状态无关。换句话说，也可以用 X 射线照射一种元素，并根据产生的次级特征辐射谱线判断它是什么元素或含有什么元素。

C. G. 巴尔克拉根据 X 射线被各种元素散射的实验，得出了不少数据，将这些数据代入 J. J. 汤姆森提出的 X 射线穿过每厘米物质深度时散射损失比例公式 $f=\frac{8\pi}{3}N\frac{e^4}{m^2}\mu^2$，N 为每立方厘米内电荷是 e 和质量是 m 的粒子数，可以得出每个氢原子的电子数为 1，碳原子有 6 个电子，氮原子有 7 个电子，氧有 8 个电子，硫有 15 或 16 个电子，也就是说除去氢之外，其他元素的原子内电子数约为其原子量之半。这是巴尔克拉得出的一个重要结论，即电子数与原子量之间存在定比关系。他是按经验得出来的，尚不了解其内在必然联系。他得出的另一个重要结论是，从重原子发出的散射光强度随辐射波长迅速增大，而且发出散射的原子越重，散射光强度随波长增大的速率也越大，当波长与原子尺寸变得相当大时，相邻电子的相位接近一致，结果电子群一起散射。当电子群包括在原子内所有的电子时，每个原子的散射正比于原子序数的平方。

从 C. G. 巴尔克拉的这个发现所具有的重要性，可以看出它对本世纪早期原子物理和化学的发展有着重大的意义，正如诺贝尔物理奖委员会主席格朗维斯特教授在授奖仪式上所说：巴尔克拉发现的标识 X 射线是物理研究中极为重要的现象，这是由其他科学家后来的研究所证实的。后来的实验研究也表明，C. G. 巴尔克拉得出的元素原子内的电子数为其原子量之半，应当改正为元素的原子核的电荷数为其原子量之半，正是因为原子核的电荷数决定了元素的化学性质，因而导致了元素的化学性质是原子量的函数。

由于 1917 年颁发诺贝尔物理奖时，恰逢第一次世界大战期间，巴尔克拉未能到斯德哥尔摩去领取该奖和出席授奖仪式，因此是在他缺席的情况下颁发给他诺贝尔奖的，所以他未能发表诺贝尔奖讲演，直到第一次世界大战结束后的 1920 年 6 月才补做这个讲演。

五

原子物理、核物理的兴起与一代人才的成长

作为J. J. 汤姆森的得意弟子，卢瑟福在卡文迪什实验室三年的学习和研究工作中，不但在气体放电和放射性研究上取得了出色的成果，学会了怎样进行实验物理研究，特别是向他的老师学习到根据可靠的实验数据建立理论或公式的方法，而且心领神会到卡文迪什实验室开始形成的传统和学风，这主要表现在将研究精神注入教学、自己制作仪器和进行实验、培养学生自学和独立研究的能力，以及民主讨论和活跃思想的治学气氛。这些传统和学风在他后来的工作中得到很大的继承和发扬，收获十分突出。因此，有的学者说卡文迪什实验室的传统主要表现在卢瑟福身上。

1919 年，即第一次世界大战结束后一年，卢瑟福应聘为卡文迪什教授兼卡文迪什实验室主任，主要由于他离开剑桥到外地大学工作期间，在科学研究上作出一系列重大发现，已在国际上产生很大的影响，并且在领导两个物理实验室的过程中取得了很好的管理经验，培养了很多优秀的物理人才，这一切证明了他的科研和科学管理能力。为此，有必要就这些问题做概要的介绍。

1. 卢瑟福在回剑桥前的主要科学成就

在 1898 年发现了铀的放射性辐射由穿透力不同的 α、β 和 γ 射线组成之后，卢瑟福根据 J. J. 汤姆森的推荐到加拿大的蒙特

利尔的麦克吉尔大学任物理教授。他在那里一直工作到1907年。在这9年中，起初与放射性化学家F. 索迪（Frederick Soddy）合作，研究铀、钍和镭的放射性衰变和放出的辐射线，发现了放射性元素在放射出辐射线的同时以固定的半衰期自发地衰变成它们的同位素或新的元素，同时还发现这是一个放射出原子能的原子自发破坏和分解的蜕变过程。他们精确地测量了每个衰变阶段的半衰期及其衰变物，在1903年提出了放射性元素的衰变规律和家族衰变图谱。大约在1905年左右，卢瑟福根据矿石中所含放射性元素及其衰变物的含量，计算出矿石的年龄，根据同样的原理，他算出太阳的年龄为50亿年，1929年算出地球的年龄为34亿年，这些结果与今天的太阳年龄计算结果50—60亿年和地球年龄计算结果约为40亿年相比，是相当接近的。他不但开创了用放射性元素半衰期计算天体年龄的先河，而且第一次科学地纠正了开尔文勋爵根据陨石碰撞理论算出的太阳和地球的年纪不超过1亿年的结论，而这是开尔文勋爵自称他一生中最重要的贡献。[①] 他在1905年测算出α粒子是带两个正电荷的氦原子，并求出e值和氦原子的质量的较准确数值。

1907年到曼彻斯特大学任实验物理教授后，在那里建立了一个很有成效的原子物理研究中心，培养出包括N. 玻尔（Niels Bohr）、H. 盖革（Hans Geiger）、E. 马斯顿（Ernest Marsden）、H. G·J. 莫斯莱（Henry Gwyn · Jefferys Moseley）、G. 亥威西（George Hevesy）等物理学专家。其中N. 玻尔和G. 亥威西获得了诺贝尔奖。H. G·J. 莫斯莱发现各种元素的标识受激X射线与周期律的对应性意义重大，如果不是他在第一次世界大战中过早去世，肯定能获得诺贝尔奖。随着H. 盖革和E. 马斯顿发

① J. J. Thomson："Recollections and Reflections", London,（1936）, P. 420.

现α射线被金原子大角散射现象，卢瑟福在1911年3—5月提出了原子有核结构并发现了原子核。原子核和原子有核结构发现的意义十分重大，对于原子物理学的建立和认识化学各种元素的性质有极其重要的作用。它对于同位素和元素位移定律主要在他的实验室发现起了关键的作用。因此，我们说卢瑟福在曼彻斯特奠定了原子物理的基础，并且培养第一代原子物理的优秀人才，同时因善于培养优秀科研人才而闻名于世。

在1904年，卢瑟福的研究生E. 马斯顿在用α粒子轰击氢原子时，发现了意外的氢粒子径迹。在E. 马斯顿回新西兰任教授后，参加第一次世界大战检测敌方潜艇研究的卢瑟福，在1917年发现了α粒子轰击氮时打出了氢原子核，因而首次发现了人工打破原子核现象，具有划时代的意义，被N. 玻尔说成“开创了哲学的新纪元”。1919年，他连续发表了《α粒子与轻原子碰撞》的四篇一组论文，可称之为“四部曲”，在《哲学杂志》上刊出，引起了国际科学界的极大注意。N. 玻尔甚至称其为“卢瑟福的最伟大成就……的确可以说是揭开了物理和化学史上的一个新时代”。[①] 它对经典物质组成理论和元素概念产生了重大的冲击，显示了人可以改造自然的伟大力量。

2. 1919年之后的主要科学成就

从1919年开始，在卢瑟福的支持下，F. W. 阿斯顿(Francis William Aston)终于制成质谱仪，可以测出几乎所有的元素的同位素。他在“四部曲”中预言了氢有两种同位素和氦有一种同位素，1920年在他的开尔文讲演中又预言了中子的存

① N. Bohr：“Supplement to Nature”, Vo1. 118, No. 2981, (1926), P. 52.

在及其巨大穿透性，1922 年又明确预言了与负电子对应的正电子，这些粒子在 1930 年后被他的几位助手和其他地方的研究者逐个发现了。他从 1920 年之后，与 J. 查德威克合作，用 α 射线人工地打破了很多种轻元素，并在 1924 年由他的另一助手布莱克特用半自动云室发现了第一例元素人工转变——氮^{14}变为氧^{17}。1925 年，卢瑟福发现了核外存在势垒，其电势很高，是用人工方法以 α 粒子打不破较重元素原子核的根本原因，并发现势垒附近库仑定律失效，而存在与距离的四次方成反比的强作用力，从而发现了强相互作用。约 1928 年，由于 G. 伽莫夫（George Gamow）来卡文迪什实验室介绍他用量子力学得出核势垒隧道效应理论，这个理论用几率的观点说明用较低电压的 α 粒子可以穿过核势垒，只是几率低些。根据这个理论，在卢瑟福支持下，由 J. D. 考克饶夫（John Douglas Cockcroft）和 E. T. S. 瓦尔顿（Ernest Thomas Sinton Walton）合作，研制成第一台加速器——高压倍加器，后来又由菲力浦公司制成一台正规的加速器，从而打破了几乎所有的重元素的原子核，使几千年来的元素不可变观念彻底地粉碎了。

在 1933 年，M. L. E. 奥立芬特与卢瑟福等合作，用加速器实行了重氢原子核的聚变，这是第一次实现核的聚变。此外，他们还发现了氢的同位素氚和氦的同位素氦^{3}，因而证实了卢瑟福的预言。他们用加速器第一次验证了爱因斯坦提出的质能等当定律，如果再考虑到后面将介绍的中子和正电子的发现，可以看出在卢瑟福领导期间，在改变人类的物质观和实现元素的人工转变上，作出了多么重要的划时代成就，在现代科学革命的最重要的物质观和物质组成理论的根本变革上，作出了多么重大的一系列发现。

. J. 汤姆森爵士和卢瑟福勋爵在谈话

3. 无争议地当选卡文迪什教授的卢瑟福

本书前面谈到，卡文迪什教授是由剑桥大学成立的评选委员会经过商讨和物色后由选举产生的。若与卢瑟福之前和之后的几任卡文迪什教授选举时出现的重大争议和分歧相比，卢瑟福的当选可以说是水到渠成，没有发生任何的争议。尤应注意的是，在他之前的三任卡文迪什教授，都是理论物理学家出任实验物理教授，而这一次却是第一次由实验物理学家担任。过去的几任卡文迪什实验物理教授有一个共同的特点，就是用理论指导实验。如果从重数学和理论物理的英国和剑桥大学的长期传统来看，这些理论物理学家当了实验室主任后，都起了从理论向实验过渡的作用。只有到了卢瑟福的当选，才出现了该室培养出来的实验物理学家管理物理实验室的新时期。

有些学者认为，卢瑟福不懂和轻视理论物理，是一个地地道道的实验科学家，甚至说他属于法拉第类型的，因而又说他是法拉第之后世界上最伟大的实验科学家，英国人则认为，牛顿、法拉第和卢瑟福是英国近代科学史上三个最伟大的科学家。英国著名科学家J. H. 金斯（J. H. Jeans）在卢瑟福意外逝世后，代表卢瑟福宣读他的主席致词中说过："……卢瑟福是原子物理上的牛顿。在某些方面他甚至比牛顿更幸运，因为在卢瑟福的生活中没有可与牛顿寻找哲人石所徒然消耗时间相比拟的岁月，以及迷失于光学理论的著作和与他的同代人争论的痛苦相类比的事……"，"在他的研究问题的正确思路和眼力上，在他的研究方法的简单性和直接性上，他时常使我们想起法拉第，但是他有两个优点是法拉第所不具备的。第一，充沛的体力和能力；第二，指导一班热情的共事者的机会和资格"。[①] 这个评价代表了英国科学界的真实看法。其实，卢瑟福在中学和大学时是以数学和物理成绩优秀出了名的，在大学毕业时，曾获这两门学科双第一的成绩。但是，当他转入物理实验时，他的良好的理论基础对于分析和处理实验结果，经常运用他的理论知识得出科学的公式和结论大有助益，而这些公式和结论又几乎都被验证是正确的。作为实验物理学家，他又重视法拉第善于从科学哲学进行分析和处理问题的突出优点，因而表现了非凡的洞察力和直觉，甚至在学术界公认这是他最具有特色的特征。

此外，他走到哪里，都能够以他的热情、诚恳和与人为善的态度，团结每一个成员，他成为他领导的大家庭的自然"家长"。他的组织才能和选择与培养人才的卓识与方法，都一直被他的弟子和学术界所津津乐道。这样一位近乎全才的伟大实验科学家，正是以"现代科学的本质是实验的"为特征的现代科学所最需要的。卢瑟福正是以他的一系列独创性的重大科学成就、

① A. S. Eve，Rutherford："Being the Life and Letters of the Rt Hon. Lord Rutherford"，O. M，Cambridge，(1939)，P. 435.

组织家的能力和善于培养人才的出色才能，赢得科学家们的一致赞赏。

1919 年，当年已花甲和自感对实验室管理不适应时，J. J. 汤姆森决定从卡文迪什实验室退休。这时人们在讨论和评论他的合格继承人时，异口同声地说出了卢瑟福的名字，这不仅因为上面说的他的这些才能，而且因为经过三届卡文迪什教授之后，人们自然地看出这三位都是剑桥大学学物理的出身，而且又都是著名的三一学院的成员，治学途径又都属于电磁理论方面的，而在人才济济的 1919 年，只有卢瑟福兼具这些条件。这样，就自然出现了只有卢瑟福是唯一的人选了，他被认为是卡文迪什实验室传统的代表和化身。著名晶体物理学家、J. J. 汤姆森的学生和后来任第五任卡文迪什教授的 W. L. 布拉格（W. L. Bragg）说过："J. J. 汤姆森是新老物理之间奇特的链环，据说他打开了通向新物理的大门，自己却从未进去过"，而卡文迪什实验室历史作者 J. G. 克劳瑟（J. G. Crowther）则说："卢瑟福穿过了这个大门，并且领导了揭示原子内新宇宙的研究者们"。[①] 可见，卢瑟福是沿着 J. J. 汤姆森的研究方向揭开了微观宇宙的人。

J. J. 汤姆森在给卢瑟福的信中说："我为你仍然在考虑回到剑桥的可能性而高兴，如果你来了，你会发现我将让你在实验室管理上有绝对的自由。"并且特别注明："深切希望看到你在来到剑桥的路上，没有什么东西会有我的最卓越的学生作为我的继任人给我更大的愉快了。"[②] 这位前卡文迪什教授的肺腑之言，道出了剑桥大学决策者们的心声，卢瑟福很自然地被遴选为卡文

① J. G. Crowther："The Cavendish Laboratory"，New York，1947，P. 183.

② D. Wilson，Rutherford：Simplest Genius，MIT，(1983)，P. 411.

迪什实验室的新卡文迪什物理教授。

在科学史上，学术界经常以I. 巴罗（I. Barrow）善识千里马的伯乐风格，说明I. 巴罗将卢卡□数学讲座教授禅让给牛顿的故事，用以说明善识人才而让位的择贤之道。其实，I. 巴罗只是在牛顿上大学三年级时才教他光学，并且在考选高等奖学金时没有选中牛顿。牛顿只是在做研究生时，因为对光学有了很多实验研究，在I. 巴罗要出版自己的光学讲义时，请牛顿提提意见，牛顿对他的不少看法提出不同的意见，并且在数学上更胜他一筹，才取得讲座教授资格的。但是，卢瑟福从一到卡文迪什实验室做研究生之时起，就以自己的无线电研究成绩取得了J. J 汤姆森的赞赏，并且不久在气体放电、发现电子和研究放射性时，一直是他最出色的助手，作出了杰出的成绩。也就是说卢瑟福早在做研究生期间就是最优秀的学生，毕业后取得一系列重大成就，在学术上已经超过了他的老师。因此，J. J. 汤姆森深深感到他是青出于蓝而胜于蓝，如果说他们的让位与继任也是伯乐与千里马的关系的话，更应该在科学史上作为典型事例而大书特书了。

4. 两个德国“囚徒”成为核物理的干将

在第一次世界大战中，有一个英国的青年物理学家被德国作为人质关在营地中，但却仍然孜孜不倦地利用一切机会钻研核物理，这就是J. 查德威克（J. Chadwick）。还有一个英国军官，在战争爆发前被军方派到德国去学习军事，却在战争爆发后被德国关进了营地，这就是C. D. 艾利斯（C. D. Ellis）。这两位身在异乡和身陷囹圄的英国青年碰巧又被拘留在鲁莱本的同一营地的一所房间中，他们就以谈论物理知识打发时间，并且建立了一个粗陋的实验室。他们从德国的科学家同事和朋友如H. 鲁本斯（H. Rubens）、W. H. 能斯特（W. H. Nernst）和 O. H. 瓦尔堡（O. H. Warburg）等那里，得到了慷慨的帮助。

J. 查德威克生于曼彻斯特，1911 年毕业于曼彻斯特大学物理系，然后在该系的卢瑟福实验室并在卢瑟福指导下开始了他的研究生学习阶段。1912 年，在他 21 岁时发表了类似于他证明中子存在的那种类型的实验。在 1937 年，他获得了一笔奖学金，可赴柏林在卢瑟福的前助手 H. 盖革（H. Geiger）指导下进行研究工作。1914 年第一次世界大战爆发开始时，他很快被拘留在鲁莱本的营地，并在那里做些科学研究，尽管当时英德两国交战，但是一些德国科学家出于对科学的爱好和追求，还是从实验仪器和资金上对他给予一些帮助，就在他被拘留的营地做些力所能及的实验和研究。不久，他追随的 H. 盖革被征兵加入了德国部队，被迫同英国作战。战争期间盖革将他的老师卢瑟福的书随时放在身边，一方面深入学习，另一方面从回顾过去在卢瑟福实验室时工作的愉快情景中聊以自慰。他在战后给卢瑟福的信中请这位老师谅解和记起他这个老学生，并说自己过去时时忆起在曼彻斯特大学物理实验室的情景。

C. D. 艾里斯在被拘留的过程中，自然愿意与他的同胞 J. 查德威克谈心，彼此逐渐了解了。他对 J. 查德威克在极其困难的条件下研究物理很感兴趣，就让 J. 查德威克在空闲时给他讲解原子物理知识，他硬是靠这样的机会经过近四年的努力，比较系统地学习了原子物理和核物理知识，以及不少实验技巧，为他在战后研究核物理准备了条件。

J. 查德威克在战时德国将他拘留的条件下，在自己建立的简陋实验室中，做了不少的实验，从而为他如何做核物理实验和管理实验室摸索到一些经验。

J. 查德威克在战争结束后，带着衰弱的身体回到曼彻斯特大学的卢瑟福实验室，身边只剩下 11 个英镑。卢瑟福心情沉重地但却高兴地接纳了他，对这位在如此严酷和困难的条件下能够几年坚持实验研究原子物理，感到精神实在难得，并对这位学生的研究精神大加赞扬。因此，卢瑟福在自己的实验室中为J. 查德威克安排了副演示员的职位，以便发挥他的特长，并可以在生活上给予照顾。1919 年 8 月，卢瑟福接任卡文迪什教授时，就将J. 查德威克也带到剑桥，J. 查德威克还向卢瑟福推荐他在德国时的难友C. D. 艾利斯，说C. D. 艾利斯在原子物理方面的知识和实验技巧有了相当好的基础及极其难得的兴趣。卢瑟福在到卡文迪什实验室时，也碰到重建该室和人才奇缺的困难，就将他们二人列入自己的研究生名单，这个名单中尚有在海军中工作达十年的P. M. S布莱克特等。1921 年，J. 查德威克结束自己的研究生学业后，被卢瑟福任命为实验室副指导。C. D. 艾利斯成为帮助卢瑟福进行轻元素被 α 射线人工嬗变实验的主要助手之一。他对卢瑟福做实验用的仪器如此简单大感惊讶和震惊，例如有一个仪器是由小黄铜匣和用显微镜观察粒子在硫化锌荧光屏上产生闪瓈组成，这样简单的仪器需要很高的实验技巧，因而对于能在卢瑟福指导下进行实验研究而感到兴奋。J. 查德威克早在德国时就告诉他，卢瑟福是一位能够用自制的最简单仪器作出重大发现而著名的科学家，他早就怀着拜名家为师的想法希望能获得这个良机，在来到这个实验室后自然十分小心、谨慎和注意好好学习了。

J. 查德威克刚到剑桥时经济很拮据，冈维耶——凯斯学院选他为该学院的研究员，并每年供给他 120 英镑，因而免去了生活上的后顾之忧。他一方面与卢瑟福一起用 α 粒子轰击一个个轻元素，对于不能使其原子核被打破的，采用不同的新的轰击方法和观察方法；另一方面协助卢瑟福指导研究生，特别注意多做一些事务性的工作，以便使实验室正常运转。因此，他实际上是整个实验室的“副官”，比卢瑟福更了解每个研究人员和研究生正在做的工作情况，怎样运用有限的设备、材料和基金达到最有成效的目的。他安排和选择研究生的研究任务，阅读和批改他们写的论文，组织学术报告和讨论会，准备年终聚餐会。他还阅读与放射性、原子物理和核物理有关的所有刊物，因而知道该室对各物理学科感兴趣的和发生的事物的进展情况，如果其中有值得研究的，在他的安排下不久就会进行工作。他是卢瑟福最亲密的伙伴和同事，对卢瑟福有着深切的感情和热爱。在卢瑟福担任大英科学促进协会主席、皇家学会主席和科学与工业研究部顾问委员会主席这些极其重要而繁重的工作时期，J. 查德威克负起了该室的日常管理工作，因而对于卡文迪什实验室在1921—1935年间的发展起着不可低估的作用。

C. D. 艾利斯在结束他的研究生学习阶段后，也很快投入轻核的嬗变研究。他在核物理研究中最突出的贡献是他和他的学生W. A. 沃斯特（W. A. Wooster）在1925—1927年间对β衰变过程中能谱分布的研究，这项研究的重要意义在于为否定N. 玻尔提出β衰变过程中单体能量不守恒提供了可靠的根据，而且对W. 泡利（W. Pauli）预言中微子的存在提供了坚实的基础。

放射性元素在自发衰变过程中放射α、β和γ射线，卢瑟福早在本世纪初就通过实验证明了α射线是由带两个正电荷的氦原子核组成的，β射线是由电子组成的，他和别人还发现γ射线是一种频率很高的电磁波。到本世纪20年代初，几位很著名的物理学家在β射线能谱分布问题上出现了看法上的分歧，有的认为它们是连续分布的，有的认为是不连续分布的，J. 查德威克在1914年得出它们是由连续分布与均匀分布的几族叠加而成的。不久，又出现了β射线能谱是由最大衰变能量的上限开始，以及它们是由不同能量的原子核释放的，因而其平均衰变能量应当与连续能谱的平均值对应的看法。这两种新看法的出现，有待明确的证伪。当时，这对于研究放射性的世界核物理中心——卡文迪什实验室来说，成为必须重点研究的课题之一。于是，C. D. 艾利斯和他的学生 W. A. 沃斯特投入研究，分阶段地发表了多篇论文，终于在 1925 年 10 月得出了初步的结果。他们在《β 射线型蜕变》一文中指出，β 射线的连续能谱是由蜕变的电子产生的，并且提出了一个假设：“如果抛出的蜕变电子的能量因原子而变化，则在每个蜕变过程中产生的总能量是一样的。”他们还提出每个蜕变过程中的能量变化准确地守恒，因为如果守恒了，连续能谱分布问题就不再存在困难。为此，他们不但找到了解决 β 衰变连续能谱分布不均匀的方法，而且提出了如何根据能量守恒原理寻找产生 β 粒子能量出现差异的原因。1931 年在罗马召开的世界核物理会议上，W. 泡利提出 β 衰变过程中能量损失并且看起来不守恒的原因在于这些能量被一种中性小粒子带走了的预言，后来中微子的发现终于揭开了这个谜底。

1927 年 12 月，C. D. 艾利斯等在经过更精确的实验后，发现 β 衰变的能量分布范围很宽，同种放射性元素的两个原子会放射出快 β 粒子和慢 β 粒子，二者能量的差异就是物理学家们一直困惑不解的原因。在 1927 年后，N. 玻尔提出 β 衰变过程中能量不守恒和只在平均意义上才守恒的看法，就是从这个现象得出的。这是关系到能量守恒原理在微观领域是否正确的重大原则问题，W. 泡利以他的中微子预言作出合理的回答，卢瑟福在 1929 年得知自己得意的弟子 N. 玻尔的这种使他无法接受的看法后，曾经写信批评过。他说：“我听到流言，说你正处在战争的道路上，要在微观和宏观两方面推翻能量守恒原理……，但是我一直感到在天堂和大地上，有比我们的哲学中的梦想还要多得多的东西。”N. 玻尔过了几年才认识到错误。W. 泡利对 C. D. 艾里斯花了十来年得出的研究结果给予很高的评价。E. 费米（E. Fermi）正是在他主持的罗马会议上得知 W. 泡利的看法，并在一年多后就此提出了中微子（neutrino）名称，到1934年他又在β衰变是核内中子衰变成质子、电子和中微子的看法基础上，提出了著名的β衰变理论，并继而完成了他的弱相互作用理论。1961年，N. 玻尔在纪念卢瑟福发现原子核50周年会上讲话说："艾利斯证明了直接发射的电子连续能谱分布，引起了能量守恒的迷惑不解问题，它最后由泡利勇敢地假设同时放射出中微子予以解答。" N. 玻尔改变了看法，并对C. D. 艾利斯的工作给予很高的评价。

在卡文迪什实验室，有了大的成果而获诺贝尔奖是理所应当的事，C. D. 艾利斯原指望这个工作应当给他以诺贝尔奖的荣誉，但是最后他还是失望了，因而耿耿于怀。

加速器的发明带来的研究组织与管理的变革，成为小科学向大科学转变的标志。这个时代是以实验的大机器化和大规模的群体合作为标志的，由于研究人员和技术人员的分组配合，产生了很高的研究效率，研究人员和研究生的数量增加很多，因此在管理上只由一两个研究指导负责的科研管理体制已经远远不能适应了。为此，卡文迪什实验室实行教授之下设四个大组和组长分头负责指导的体制。这四个组的负责人是J. D. 考克饶夫、P. M. S. 布莱克特、C. D. 艾利斯和M. 奥立芬特，此外P. 卡皮查负责蒙德实验室。J. 查德威克任室的研究指导助理，负责日常事务，C. D. 艾利斯在战时是德国扣留英国的人质，为核物理的"票友"，经过10年多的努力，成为核物理专家。

5. P. 卡皮查巧遇良师益友

卢瑟福在原子物理和核物理方面的成就，使他赢得原子物理和核物理之父的崇高声誉。著名天文学家A. S. 爱丁顿（A. S. Eddington）早在发现原子核的那一年就评价说："卢瑟福在

1911 年引进了自德谟克利特以来我们的物质观念最大的变革。”量子力学奠基人之一、著名德国物理学家 W. K. 海森堡（W. K. Heisenberg）认为卢瑟福是“近代原子物理的真正奠基者。”核物理学家 M. 奥立芬特（M. Oliphent）则说卢瑟福“开拓了整个核物理时代”，“卢瑟福是核物理之父”。卢瑟福在科学上的成就如此，在培养人才上甚至取得更突出的成就，以致原子反应堆的发明者和粒子物理学家 E. 费米（E. Fermi）表示，在科学史上人们将永远怀念卢瑟福，“不仅因为他本人的贡献，而且因为他作为教师这个字眼的最高意义的教师而言”。[①] 即使来自十月革命之后的苏联青年物理学家 P. 卡皮查（P. Kapitza），在成名之后也认为卢瑟福领导的剑桥物理学派“是世界上最先进的学派，而卢瑟福则是世界上最卓越的物理学家和最著名的组织家”。他还在卢瑟福逝世后的 1962 年在英国皇家学会发表讲演说：“众所周知，卢瑟福不仅是一位伟大的科学家，而且是一位伟大的教师。科学史告诉我们，一个卓越的科学家不一定是伟人，但是一个伟大的教师就会是一个伟人。”[②] P. 卡皮查是卢瑟福在剑桥培养出来的优秀核物理学家和低温物理学家，也是他培养出来的诺贝尔物理奖获得者之一。从 P. 卡皮查的成长道路可以看出，卢瑟福是怎样有教无类地按学识和才能选择和培养人才的，是怎样爱惜人才和破格录用人才的。

P. 卡皮查是在苏联十月革命成功那年从列宁格勒（即今天的彼得堡）工业学院毕业的，他的原专业是电气工程，因为学习优异而留校任教师至 1921 年。这是一个苏联被以英国为首的

---

① E. Fermi：“Supplement to Nature”，Vol. 140，No. 3555，(1937)，P. 1052.

② J. Mehra：“The Physicist's Conception of Nature”，D. Reidel Publishing Company，(1973)，P. 750.

西方14国包围的卫国战争年代，年轻的苏维埃共和国与西方为首的强国——英国正进行殊死的斗争。这时，苏联为建设国家的需要，派出了以曾留学英国的著名物理学家A. F. 约非（A. F. Joffe）院士为首的科学家代表团访问英国，团员中就有年轻的P. 卡皮查。他们一行自然要到以物理学称著的剑桥大学和卡文迪什实验室访问和学习，并购买仪器。当A. F. 约非教授与卢瑟福交谈时，P. 卡皮查就与卢瑟福的主要助手和实验室副指导J. 查德威克谈话。P. 卡皮查在那里呆了几天后，对于卡文迪什实验室中卢瑟福指导一批年轻的物理学家利用α射线轰击一个个轻元素原子核的热烈气氛和创新精神，以及在这样的科学前沿顽强攻关的胆识，十分想往并为之倾倒，因而萌发了想留下来在那里做研究生以便学习这门尖端科学的想法，而他对电气工程的专长在这里会找到很大的用场。于是，他就把自己的想法向J. 查德威克说了，J. 查德威克向卢瑟福汇报后，卢瑟福感到该年人数为30人的研究生名额已经招满。P. 卡皮查听到后若有所思，就找到卢瑟福并说："教授！您的实验误差有多大？"卢瑟福说5%。P. 卡皮查说："那么如果再加一个，还在您的实验误差之内呀！"卢瑟福听后大为惊讶，这个年轻人的头脑竟这样灵活、锐利，产生了爱才之心，答应把他收下来看看。

卢瑟福观察和选择人才，不像一般的领导者主要看考分多少，而是除去考分之外更加注意是否有创新的强烈意识和进行原创性研究的素质，在他看来科学研究的本质是发现自然中的现象和规律，要作出重要的成绩没有独特的见识和准确无误的严谨学风，是不会有什么作为的。他识别人才像他研究科学一样，有一双敏锐的慧眼和穿透性的深邃洞察力，他就是凭这种敏锐的洞察力和直觉发现了大量优良的人才。P. 卡皮查是一个来自英国的敌对国家、来自第一个社会主义国家的人，这个国家是以马列主义教育人的，P. 卡皮查有着共产主义意识，要收这样的人显然是要冒各方面的风险。但是生于殖民地新西兰并在那里长大的卢瑟福天生地具有强烈的民族同情心和科学国际主义思想，见了这样有卓识的青年人，他决定试一下，收下来。后来的事实说明，卢瑟福看对了，J. 查德威克向 P. 卡皮查提出的唯一条件是“你不能在这里谈论政治和宣传共产主义”！卢瑟福领导过的实验室一直推行剑桥大学的传统和学风，保持纯净的治学气氛，希望不要把政治和哲学争论搞进来，他要的是脚踏实地的实验，而不是空谈和无益的政治争论。据说，他不喜欢美国著名物理学家 R. A. 密里根（R. A. Millikan）的夸夸其谈。例如有一次 R. A. 密里根到卡文迪什实验室访问，卢瑟福接待了他之后，让助手带他进实验室参观，他私下告诉这位助手说，不知道他又会大谈些什么了。即使对于他最得意的弟子之一、著名物理学家 N. 玻尔也如此。当 N. 玻尔为了解释 β 衰变过程提出单体能量不守恒时，卢瑟福很不高兴，就写信批评了他，后来他认识到自己错了时，卢瑟福才高兴。在量子力学出现后，N. 玻尔提出了著名的哥本哈根解释——互补原理，卢瑟福认为这是哲学而不是科学，对关于哥本哈根解释出现的一场大争论心中不快，因而有两年与 N. 玻尔的关系有些疏远，只是到 N. 玻尔让根据量子力学提出核势垒隧道效应的伽莫夫（G. Gamow）到剑桥去之后，卢瑟福发现这个理论对于研制加速器很有用并投入制造时，才使他们的关系缓解了。所以，J. 查德威克对 P. 卡皮查提出的不谈政治要求，主要是使他管理的实验室更好治学的需要，而不是出于政见的分歧。

P. 卡皮查在卡文迪什实验室很快地将自己的电气工程知识与核物理结合起来，在研制高压电磁场设备和加速器中发挥了很大作用，得到卢瑟福的赏识，因为卢瑟福在这方面是个内行，而且在 G. 马可尼（G. Marconi）之前就实现了跨 3.2 公里建筑物收发无线电的信号，实际上是发明无线电的主要先驱者，卢瑟福在原子物理和核物理上的成就，在很大程度上要归功于他擅长电磁科学技术和自制电磁仪器，所以他器重P．卡皮查也有技术上的原因。P．卡皮查按照卢瑟福的意见改进一些放射性实验仪器，可测量α粒子进入物质产生的能量损失；他制造的强电磁场设备可以在1%秒内达到8万安培和30万高斯；还设计和制造了氦、氢和空气的液化机。由于取得这些成绩，卢瑟福在1925年推荐P．卡皮查当选三一学院的研究员，1930年蒙德（L．Mond）向皇家学会捐款25万英镑，卡文迪什实验室申请到15000英镑，让P．卡皮查建立蒙德实验室和设立教授讲座席位，在卢瑟福的推荐下P．卡皮查升为教授，1929年还推荐他当选皇家学会会员。这些破格的提升和荣誉连J．查德威克等原卡文迪什实验室的骨干都未能获得，可见卢瑟福不考虑民族、信仰差异和平等待人、以才取人的风范，当然这样做时也引起包括J．查德威克在内的部分人意见。据说，那时P．卡皮查仍持有苏联国籍，在英国工作，回苏联度假，按一般情况当选皇家学会会员有困难，但是由于他的出色贡献和卢瑟福的坚持，他还是不以外籍会员而以正式会员当选。

P．卡皮查在剑桥起了两大作用，一个是创立强电磁场和低温物理学科，并建立了领先的实验室；另一个是将俄国的文化传统带到卡文迪什实验室，例如他创建了著名的卡皮查俱乐部，几乎所有的该室主要成员（除教授之外）参加，每星期二举行学术研讨会，而且有很严格的纪律和制度，无故缺席两次即被除名，会上讨论几乎所有的物理问题。G．伽莫夫来访时，就是在该例会上介绍他的隧道效应理论，得到J．D．考克饶夫等的重视和采纳，导致加速器的发明。该俱乐部从1922年成立，即使P．卡皮查于1934年回苏联工作后还在继续活动直到1957年。

P．卡皮查为了探望双亲，1926年第一次回国时，一位不低于托洛斯基的政府要人希望他留在苏联或为祖国有所服务，后来他答应每年回去一次。从1929年开始，苏联政府对他施加压力，加米涅夫（L. B. Kamenev）告诉他苏联准备成立一个物理——技术研究所，请他做顾问，每年回国二、三个月，薪金为2000卢布，他只答应要200英镑和来回路费150英镑，每年去一次。1934年他在暑假回国探亲时，被苏联政府留住，他的夫人一个人到剑桥告诉卢瑟福说，P. 卡皮查被留下了，回不了剑桥。卢瑟福立即与苏联驻英大使联系，并说如果不允许他回英国一事公开，将会影响两国之间的科学关系，我会感到十分痛心。不久，P. 卡皮查给J. D. 考克饶夫寄了个明信片，要他按照液氦机复制一台，问卖给别的大学是否可能，并在给卢瑟福的明信片上写道，发生了严重的事。苏联驻英大使也回答说，苏联为了发展和实行五年计划，现在需要在国外工作的所有科学工作者。卢瑟福见事已无望，只要求P. 卡皮查回来处理后事，却遭到拒绝，只能通知剑桥大学校长，并通过自己的朋友和与苏联关系好的国外著名科学家P. 郎之万（P. Langevin）和N. 玻尔从中周旋，也遭到冷遇。这时，卢瑟福沉痛地表示，这样做会使P. 卡皮查的实验室和学生陷入渺茫的混乱之中。皇家学会因为自己的成员出了问题，开会决定按P. 卡皮查离缺处理，继续给以工资，以供他的妻子和孩子生活之用，并通知在日内瓦的国联和英国驻苏大使，继续交涉。新闻和报刊纷纷评论，对苏联展开攻击。

卢瑟福在无望的情况下，改变了想法，愿以力所能及的办法帮助P. 卡皮查在苏联能够进行科学工作，并要求P. 卡皮查与他亲自对话。英国首相S. 鲍德温（S. Baldwin）和苏联部长会议主席莫洛托夫（B. M. MoπoToB）过问了此事，P. 卡皮查向莫洛托夫表示“我再次告诉你，卢瑟福是个极其卓著和无与伦比的人，我非常尊敬和热爱他，并且将绝不会做能够伤害他和使他不愉快的事”。直到1935年6月，莫洛托夫才同意P. 卡皮查与卢瑟福通信，P. 卡皮查在信中写道，他准备在苏联做科学工作，苏联为他建立了属于科学院的物理问题研究所。到这时，卢瑟福才通知苏联在伦敦的顾问，把他的实验室中P. 卡皮查制做的设备交给P. 卡皮查，否则他无法进行工作。P. 卡皮查得知后向政府提出了从英国运来仪器设备，他在物理问题研究所工作时不得设政治委员，完全自由，由政府偿付他在英国14年的费用3—5万英镑，交卢瑟福安排，英国保留他的教授职位，每年到英国讲学，薪金400英镑的要求。结果，卢瑟福派著名科学家P. A. M. 狄拉克（P. A. M. Dirac）和去莫斯科出席国际会议的一位剑桥大学教授与P. 卡皮查和苏联当局会谈，最后决定苏联政府付给英国3万英镑以制造新的设备，由J. D. 考克饶夫负责将设备运到莫斯科并帮助P. 卡皮查安装，至此，这件轰动世界的事件才算告一段落。

P. 卡皮查在苏联一直心绪不宁，三年没有实验室可做研究，唯一与他通信的外国人就是卢瑟福。为了安抚他，卢瑟福每个月给他写一封信，介绍自己和实验室的工作和生活情况，提出让他安心做科学工作的忠告。在1935年11月21日的信中说："我认为，当你再次刻苦工作时，你会发现你的许多苦恼将会消散……只要他们不干预你的工作就行……但是我敢说，你将来的幸福机会，取决于你在实验室中的埋头工作，过多地思虑往事对任何人都没有好处。"1936年5月15日，卢瑟福又写道："赶快做些研究，即使不是划时代的，也会使你感到愉快。工作越艰苦，你就没有时间顾及其他烦恼。你是知道的，狗身上有适当数量的跳蚤是有好处的，不过我希望你会感到你身上的跳蚤多了一些。"这些是一位曾担任过当时世界上最大强国的皇家学会主席、大英科学促进协会主席和正担任英国科学与工业研究部顾问委员会主席，以及世界最著名的卡文迪什实验室主任的卢瑟福以他的赤诚之心向他的学生说的话，何等亲切和激励人心的肺腑之言啊！P. 卡皮查看了感慨万分地说："你看！他给我的慈父般的忠告是何等简单明了啊！"P. 卡皮查在回信中讲了这样的话：

"我们仅仅是河流中飘浮的小粒子，我们把它称作命运。我们所有能够支配的，就是稍微偏斜一下我们的踪迹并保持飘浮——河流在控制着我们。"

6. 氮变为氧同位素的发现

前面谈到，卢瑟福在1917年11月发现了人工氮核分裂并放出质子的情况，并在1919年发表他的"四部曲"，宣布了这个成果。但是，那时他只知道氮原子核被打破了，还不了解它变成了什么，更没有发现一种元素可以用人工的方法转变为另一种元素。对此做出第一例发现的，则是他的学生和助手P. M. S. 布莱克特（F. M. Blackett）在他的指导下进行的。

P. M. S. 布莱克特在第一次世界大战时，在海军中服务，1919年初他是海军送到剑桥大学学习的400名军官之一，到后三个星期，他就向海军部提出辞职的请求，想进入剑桥大学学物理。1921年大学本科毕业后，考取了卢瑟福的研究生，研究核物理。这时，他对卡文迪什实验室正研究用α粒子轰击轻元素原子核的工作很感兴趣，在云室方面很用心。不久，跟随云室的发明者、物理学家C. T. R. 威尔逊（C. T. R. Wilson）做些工作，而正在负责将云室改装成半自动的日本青年物理学家清水要回国，卢瑟福就让他接替。这位对电气工程有些熟悉的青年，就制造一台半自动的云室，并根据卢瑟福的意见，用云室观察α射线轰氮核会出现什么样的反应。于是，他着手实验，由于云室是半自动的，效率和效果比过去的好多了，共拍照了大约23000张照片，总共拍下40万粒子径迹，其中有27万个为在空气中8.6厘米射程的和145. 5万个5厘米射程的α粒子径迹。按照常理，当α粒子轰击氮核之后，与云室的膨胀室相接连的照相机快门可自动拍下轰击的α粒子、氮核和打出的质子三种径迹。

但是，当他一张张地仔细审查后，竟发现其中有8张上出现了奇怪的现象，这就是只有质子和新粒子的径迹，而轰击的α粒子的径迹消失了。并且经过进一步确认，有一种径迹并不是氮原子核，而是氧的一种同位素 O^{17}。这种奇特的现象使卢瑟福十分感兴趣，而P. M. S. 布莱克特却惶惑不解。

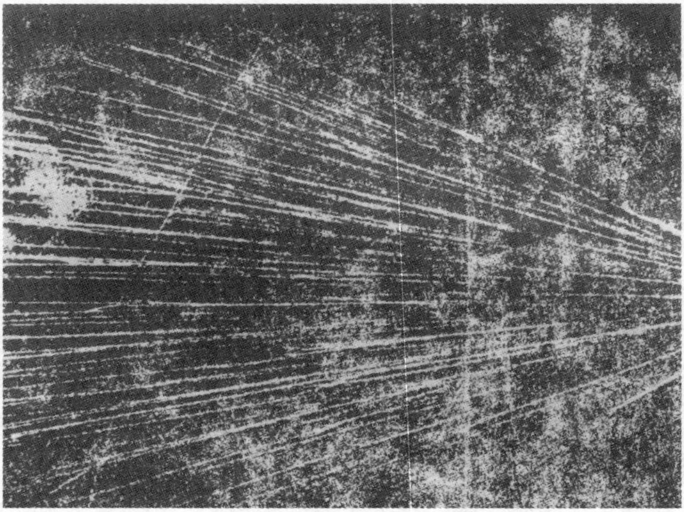

P. M. S. 布莱克特拍照α粒轰击氮原子核的径迹。大量α粒子中有一个使氮核转变成氧^{17}：${}^{14}_{7}N + {}^{4}_{2}He \longrightarrow {}^{17}_{8}O + {}^{1}_{1}H$。从径迹上可以看出，α粒子轰击氮原子核后，出现氮核回跳和质子径迹，而α粒子（${}^{4}_{2}He$）被俘获

在P. M. S. 布莱克特做这个实验的1924年夏季，卢瑟福到加拿大的多伦多参加大英科学促进协会的年会，因为他是该协会的主席，是非去不可的。在家的实验室副指导查德威克给卢瑟福的信中写道："布莱克特已经得到两张以上的照片，径迹比别的更清楚些，它们上面显示出质子和轰击后反冲的一种原子的径

迹，但却没有发现 α 粒子的径迹。如果这是真实的，对于证实核附近的引力场提供了证据，并与我们期望的很吻合。”胸有成竹的卢瑟福，心中知道是怎么回事，这就是当 α 粒子轰击氮原子核后，有的被氮原子核俘虏了，没有打出来，氮原子核得到 α 粒子后，转变成氧的一种同位素，这就是氧的同位素 O^{17}，同时放出了氢原子核。这样一来，就不但证实了他过去发现的氮原子核分裂了，而且第一次发现氮原子核变成了一个新元素。这在核物理史上是一件不小的发现，也就是实现了一种元素人工地转变成另一种元素。为此，他回信让 P. M. S. 布莱克特立即将实验结果进行整理，写成论文准备发表。

P. M. S. 布莱克特在 12 月 7 日将自己写成的论文《用威尔逊法拍照的从氮核抛出的质子》提交到英国皇家学会，第二年 2 月 2 日在该学会的机关刊物《皇家学会议事录》上发表了，在科学界引起了很大的关注。P. M. S. 布莱克特在文中指出，威尔逊的云室凝聚法是提供明显的和可能观察到 α 粒子和反冲氮核运动的唯一方法，他说对照片的研究说明，使一个氮原子核抛出一个质子的 α 粒子本身与氮原子核结合起来，这个结果是很重要的。结合后的核的原子量应该是 17，原子序数是 8，属于氧的同位素，其中没有发生获得或失去电子的迹象。如果这个同位素是稳定的，应该在地球上有所存在，但看来数量很少，到今天还没有用质谱仪检测到。这些话表明，他实际上发现了氮原子核俘获了 α 粒子而变成 O^{17}。

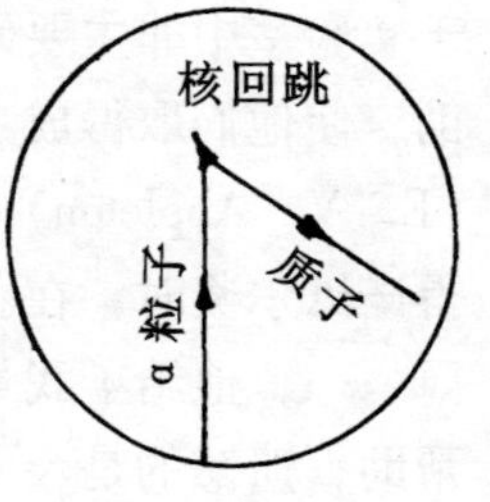

1925 年 4 月 10 日，卢瑟福在英国皇家学院做该学院自然哲学教授讲演时，宣布了这个结果。他说，这是氮原子核获得了原子量为 4 的 α 粒子，而失去了原子量为 1 的氢核（即质子）后，得到 2 个电荷，失去了 1 个电荷，因此他说这是“氮原子变成了

一个较大原子序数的较重原子，这就是氧的一种，第一次证明由一个较轻的原子合成或构成一个较重原子的伟大功绩属于布莱克特”。[①] 卢瑟福以毫无私利的公正之心和爱惜人才的大家风度，把原子由人工转变成另一种原子的发现归功于他的学生，而不是自己，他甚至没有按惯例在发表的论文上写上导师的名字，也没有提过自己授意和指导 P. M. S. 布莱克特作出这项发现时起的作用。这种名利让人的高贵品德，对他来说已经不是一次，而是太多了。卢瑟福所以能够走到哪里就将大量优秀的青年物理学家汇集到自己的周围，并且他们以崇敬的心情公认他是他们的领袖，不仅在于他的大量杰出的科学成就，而且还在于在他的指导下能够找到作出重大贡献的路径，在于他的热情相助和坦诚无私的胸怀。几乎所有在他身边学习和工作过的人，甚至他的朋友，一旦与他相交，就会形成终生的友谊。他的很多学生如 N. 玻尔、O. 哈恩、A. S. 伊夫、H. 盖革、E. 马斯顿、J. 查德威克、M. 奥立芬特、P. 卡皮查、J. D. 考克饶夫，他的老朋友 P. 郎之万等，与他的友谊一直持续终生。卢瑟福以极大的热情和有效的帮助，使他们能够继续求学和作出重要成绩。他甚至对于实验室中非主要研究方向的研究者和课题，也提供尽可能的帮助，使他们取得成功。例如，电离层的发现者 E. V. 阿普尔顿（E. V. Appleton）就具有代表性，以致 E. V. 阿普尔顿在获得诺贝尔奖时，在获奖讲演中说：“我感谢我的老教授卢瑟福勋爵……，他给了我最热情的鼓励和在我开始电离层工作时给予的帮助，遗憾的是今天他未能活着使我听到他赞赏的话。”[②] 卢瑟

---

① A. S. Eve: “Being the Life and Letters of Ht Hon. Rutherford”, Cambridge, (1936), P. 306.

② E. N. da C. Andrade: “Rutherford and the Nature of the Atom”, (1964), P. 180.

福就是这样不但培养了大量优秀人才，而且使他们或者获得了诺贝尔奖和其他大奖，并且能够在二、三年内由一个普通学者成长为世界一流的人才，P. 卡皮查的成长和经历也许最具有代表性。

7. 从预言到发现中子和正电子

稍有物理常识的人都知道，中子和正电子的发现对于搞清物质微观结构和对称性，对于原子能的大规模释放和和平利用有着何等重大的价值。但是它们的发现却有着非凡的历程，了解这种历程对于希望走上科学道路的青年学生，对于从事物理教学和研究的人，都是难得的。

① 中子是怎样从预言到发现的？

中子是卡文迪什实验室的副研究指导J. 查德威克在1932年发现的，正电子是美国物理学家C. D. 安德森（C. D. Anαerson）和卡文迪什实验室的P. M. S. 布莱克特几乎同时在1932年独立证实存在的，但是它们都是卢瑟福在10年之前根据科学研究预言的。

1920年6月3日，卢瑟福在英国皇家学会就他发现人工打破原子核等问题发表了他的第二次贝克里安讲演。这个讲座是皇家学会在1775年根据一个名叫H. 贝克（H. Baker）的人提供基金设立的，目的是让著名的皇家学会会员就当时作出的重要研究成果发表讲演，因而讲演者选择十分慎重，该讲座一直颇负盛名。

在这次讲演中，卢瑟福在回顾了他发现原子核和人工打破氮原子核的过程之后，根据当时的了解对原子核的构成提出他的看法和说明。他说用α粒子从氮原子核中打出氢原子核（即质子）的事实来看，带电荷的氢原子是构成氮原子核的成分之一，而过去的实验已经证实氦原子核是放射性原子的组成成分，也证明氦原子核是由4个氢原子核和2个负电子组成的，因此带2个负电荷。但是，根据质谱仪的观测，氢的原子量是1.008，而不是化学元素周期表中说的1，这就说明我们测定的氢是氢和它的同位素的混合物，1.008不过是这些成分的平均原子量。同样，质谱仪测得氦原子量是3.997，而不是应该有的4。此外，他还从实验结果推论出存在氢的两种同位素H^2、H^3，存在氦的同位素He^3，这是他在1919年发表的“四部曲”中的第四部曲《氮中的一个反常效应》内已经提出的预言。由于氢与它的两种同位素的核电荷都是1，而且化学性质相同，氦与它的同位素也是这样，这些事实只能用这样的现象来解释，即氢的两种同位素中存在一个和二个氢核分别与一个和二个负电子相结合形成中性的粒子，这种粒子的结合比较稳定，为中性的，相对质量是1，因此其原子量是1的倍数。对于He^3来说也是因为少了一个这样的中性粒子，所以它的电荷仍为2，只是原子量少了1个单位。所以，他在讲演中提出了一个假设：“一个电子与氢原子核更紧密地结合，形成一种中性的‘成对物’（doublet），这个原子具有很新的性质，它的外电场实际上是零，除去能与原子核很靠近外，它将能够通过物质自由地运动。它的存在很难用质谱仪检测到，密封罐不可能将它存住。另一方面它会轻易进入原子结构之内，或者与原子核结成一体，或者能用强电磁场将它们分开而造成带电的氢原子，或一个电子，或两者一起逃逸掉。”① 卢瑟福在这里，明确地提出中子即中性“对”的预言，这个预言是那么合理，几乎是雄辩的，因而引起英国物理学家们的注意，当然也就成为卡文迪什实验室的物理学家们留意寻找的对象，特别是J. 查德威克深知这个预言是正确的，并且在工作中注意寻找，可是经过好几年一无所获。

---

① “The Collected Papers of Lord Rutherford of Nelson,” Vol. 3, edited by J. Chadwick, London, (1965), P. 34.

到了30年代初，德国物理学家W. 博特（W. Bothe）和H. 贝克（H. Becker）在一次用钋放射的α粒子轰击一些元素时，特别是轰击铍时，产生的辐射穿透力很强，甚至比当时已知穿透力最大的γ射线还要大得多的射线，却不知道它是什么。另一位德国物理学家W. L. 韦伯斯特（W. L. Webster）发现铅对这种辐射的吸收能力不大，而铅却是已知的α、β、γ射线的最大阻碍物。那时，J. 查德威克得知后却认为，这种现象与铅等俘获了α粒子而放出的余能比较符合。1931年，巴黎镭研究院的约里奥—居里夫妇（J. F. Joliot, I. Curie）在用α射线轰击铍时产生的辐射穿过含氢的石腊等物质时，发现放出的辐射使容器中的空气分子发生离解，离子化的程度很大，但是他们却认为这是它放出了质子所引起的。密切关注这两项实验的J. 查德威克却有心于另一种想法：它会是卢瑟福预言过而自己又寻找多年的中性对粒子吗？

J. 查德威克深深知道，抓住这个契机，争取时间去试一下，也许会找到一些蛛丝马迹。于是，他就得出W. 博特和J. I. 约里奥的实验解释存在两个困难，第一，对于解释电子散射高能量子问题很准确的克莱因—仁科方程（Klein - Nishina Formula）也可以用于质子散射的情况，但是W. 博特和J. I. 约里奥的实验得出的质子散射频率比这个方程预示的大好几千倍，这说明它不是自己当初想的和约里奥—居里得出的质子；第二，从铍原子核与α粒子碰撞很难解释竟会产生能量比α粒子的能量大10倍的量子，并且从以氢和其他元素作为靶材料的情况来看，很难从量子辐射产生的角度作出解释。因此，他就考虑是否系由质量与质子接近却不带电荷的粒子组成的辐射，也就是他探索已久的和卢瑟福10年前预言中性粒子对所组成的新辐射，从而开始了他发现中子的历程的。

J. 查德威克是一个具体负责该实验室一般事务和研究生的

副研究指导，他不但熟知室内发生的一切情况，而且必须阅读所有的专业性刊物，从中了解有关领域中的进展情况和问题，W. 博特和J. I. 约里奥—居里所做的实验就是他从阅读中知道的。为了准确地予以判断，他又从美国的《物理评论》(Physical Review) 上看到戴维斯 (Davis) 发表的文章，其中谈到 α 粒子更容易俘获与它同方向和同速度运行的电子。于是他就找卡文迪什实验室中对于在强电磁场中从金属发射电子很有研究的人商量，因为这个人必然熟悉真空技术和电子加速技术，但是这个人却斩钉截铁地说 W. 博特和 J. I. 约里奥—居里发表的结果是错误的，因为在相对速度为零时 α 粒子要在共振状态俘获电子，其几率要比任何合理的理论大很多倍，只有这样才能在很大的距离上给出可检测到的效果。这就说明 α 粒子轰击铍等放出的高穿透性辐射不是 α 粒子被材料吸收时放出的余能和质子束，必须另找其原因，卢瑟福预言过的中子是否可能?

卢瑟福始终未失去寻找中子的热情，而 J. 查德威克又是一个追随卢瑟福每一点启示的人，他后来写道："在他（卢瑟福）做的贝克里安讲演之后，他只有一次公开谈到中子的作用，他也未再丰富这个思想，而这些完全转到我这里。在随后的年月中，我们时时做实验，有时是一起做的，有时是我自己单独做的，以便找到中子形成及其从原子核放射出来的证据。" 1931 年 6 月的一天，查德威克从法国科学院的会报上看到约里奥—居里发表的文章，文中说 α 粒子轰击铍放出的辐射是由含氢的物质中放出的，当他把这个消息告诉卢瑟福时，卢瑟福睁大了眼睛咆哮说："我不相信。"但是却相信他们的实验结果，而对它的解释却是另一回事。这样，J. 查德威克才放了心，决定走自己的路。

J. 查德威克带着找中子的想法投入了实验，他先在直径 1 厘米的银盘上用沉淀其上的镭 D、镭 E 和镭 F 溶液制取的钋作为射线源，放在直径 2 厘米的纯铍盘旁边，然后将它们放在抽成真空的容器之中，容器的开口对着用铝箔封起来的空气离子化室，将一块石腊放在计数器前方辐射经过的地方。实验的结果表明，用由铍辐射产生的氮反冲原子与辐射的量子碰撞来解释，与能量守恒和动量守恒原理不符。相反，如果抛弃量子辐射假设，而用辐射由质量与质子质量相接近的粒子组成，这些困难就消失了。并且为了解释这种辐射的很大穿透力，卢瑟福在10年前预言的中性“成对物”因为无电性而具有非凡的穿透力。这样，J. 查德威克就根据质量与质子接近和不带电荷两个特点，判断它可能就是卢瑟福预言的和自己找了多年的中性“成对物”，他命名为“neutron”即中子，并且根据实验的反应写出了反应式，因为α粒子就是氦原子荷，原子量为4，而铍的原子量为9，碳原子量是12，因此反应式为：

$$铍^{9} + 氦^{4} \longrightarrow 碳^{12} + 中子^{1}$$

他进一步测得中子的相对原子量为1.005—1.008，可穿入铅之内达1英寸之深。他按照卢瑟福的指示，立即整理实验结果，以信的形式寄给《自然》杂志编辑部，题目为《中子可能存在》，于1932年2月27日发表，稍后又以《中子的存在》的论文予以正式发表。

J. 查德威克的这个重要发现，完全是遵循卢瑟福的预言，以最简单的仪器作出的重要成果。在有意识地寻找中子的过程中，从W. 博特和约里奥—居里的实验中得到启示，并以完全不同的思路发现了中子，因此P. M. S. 布莱克特说：“查德威克发现中子是真正的卢瑟福的传统。”而做过同类的实验却失去了这个发现机会的约里奥—居里，表示了他们的最大遗憾的心情。他说他们留心阅读卢瑟福的每一篇文章，但是却没有去看他的第二次贝克里安讲演，当时认为“在这个讲演中，很少能找到他在别处没有发表过的任何新东西”，并说如果他们看了这个讲演中提到的中子预言，就很有可能取代J. 查德威克发现中子。由此可见，实验家如有正确的思想或理论作指导，就会有完全不同的结果，这进一步说明在卢瑟福指导下进行科学研究的极其重要性。其实，由于类似的原因，约里奥—居里还在发现铀原子核裂变和铀^{235}链式反应上，遇到同样的结果，失去了几次重大发现的良机。J. 查德威克在1935年因为发现中子而获得诺贝尔物理奖，约里奥—居里夫妇由于顽强的研究精神和扎实的研究方法，终于因为在1932年发现了人工放射性辐射，获得了诺贝尔物理奖，算是功夫不负有心人吧！

② 从预言到发现正电子的过程

J. J. 汤姆森在1897年发现了第一个基本粒子——电子，电子是负电子的通俗简称，并于1906年获得诺贝尔物理奖。当时人们凭着一般的认识，负电子应当有其对应物——带正电荷的电子存在，而且在那时德国先后有几位物理学家一直在寻找与阴极射线相对应的阳极射线，但是都没有得到希望的结果。J. J. 汤姆森发现负电子之后几年，就试图通过阳极射线发现正电子，甚至将善于做实验的阿斯顿（F. W. Aston）从伯明翰大学调来，帮助他做有关的实验仪器和实验，大约从1903年起花了10年的时间，除去F. W. 阿斯顿在这个过程中摸索到制作质谱仪以检测各种元素的同位素之外，未得到什么结果。卢瑟福甚至在1914年发表的几次讲演“原子结构与元素的演化”中，都只有把原子核看成氢原子核和电子组成的，把氢原子核（即后来说的质子）称为正电子，虽然它的质量约为电子的1800多倍，并把电子和氢原子核看作组成一切元素的最基本粒子。但是，随着他发现人工氮原子核分裂之后，在深入研究原子核的过程中，特别在研究氢和氦具有同位素及其原子结构的过程中，越来越感到质子不能看成正电的基本单位，而且它与负电子并不是对应物。1922年5月，他在电气工程学会做的第13次开尔文讲演《电和物质》中，改变了想法，提出正电子应当是负电子的对应物，而不是质子，其质量应与负电子相同。然而到那时却未找到它存在的起码证据，但是可以认为比氢原子核小得多的质量对应的正电单位是可能发现的，[①] 因而预言了正电子。1928 年著名理论物理学家 R. H. 否勒（R. H. Fowler）的研究生 P. A. M. 狄拉克（P. A. M. Dirač）发表的相对论性量子力学的论文中，提出了与负电子对应的“空穴”的理论，他说的所谓空穴就是正电子，由于他们的办公室设在卡文迪什实验室边上，R. H. 否勒又是卢瑟福的女婿，所以他们与该室的实验配合进行合作研究，自然知道正电子的预言。关于它与卢瑟福预言的正电子的关系，有两种说法，一种认为二者无关，是纯理论推导的结果。一种认为那是他在卡文迪什实验室受到卢瑟福预言正电子的启示，才在理论上表现出来的。也有不少人认为正是 P. A. M. 狄拉克的“空穴”才启发了美国物理学家 C. D. 安德森在研究宇宙射线时发现了正电子。在 1931—1932 年，他在加州理工学院做研究生时，在 R. A. 密里根指导下研究宇宙射线。我国著名物理学家赵忠尧先生在 1930 年也在该校做 R. A. 密里根的研究生，但比 C. D. 安德森高一年级，他用统计方法发现了 γ 射线的反常散射现象，由于当时尚未发现电子，所以他不了解实际上这就是后来人们了解的正负电子对的湮没现象。与他邻屋工作的 C. D. 安德森有时到他的屋中看他做实验，从中受到启发，用云室检查宇宙线组成，从中意外地发现了正电子。因此他 1981 年发表的《回顾图书与指南》一文中说，赵忠尧发现的 γ 射线被吸收和反常散射现象的结果使他大感兴趣，决心制造一台可在磁场中操作的云室，以研究 γ 射线产生的次级电子。[②] 这个说法

① E. Rutherford: “Proceedings Royal Society”, Vol. 131, S. A. (193), P. 703.

② C. D. Anderson: “Physics Today”, November 1981, P. 247.

的根据是正电子和负电子相遇会中和而湮没并释放出带较大能量的一种电磁波，即γ射线。反之，γ射线在吸收一定的能量条件下会变成正电子和负电子，并且可用云室检测出来。

几乎与C. D. 安德森同时，卡文迪什实验室的P. M. S. 布莱克特也像J. 查德威克一样，按照卢瑟福的上述预言寻找正电子的踪迹，按照狄拉克的说法与空穴理论无关。那时，他在卢瑟福指导下，用盖革计数器与云室相连，形成符合电路的计数器自动控制云室操作，当将它放在强电磁场中并使宇宙射线通入时，发现宇宙射线粒子的径迹偏斜，并将之拍照下来，在1932年8月21日发现了γ射线衰变成的正负电子对。到次年2月初，他证实了与负电子而不是与质子的质量相一致的带正电粒子的存在。卢瑟福在1933年2月7日正式通知皇家学会，P. M. S. 布莱克特的论文《穿透性径迹的拍照》不久在《皇家学会议事录》上发表。显然，C. D. 安德森和P. M. S. 布莱克特完全是在彼此无关的情况下独立发现正电子的，而且C. D. 安德森在1981年10月发表的上述回忆文章的收尾处，还特别注明他的论文准备印刷时，他得到报告说P. M. S. 布莱克特等已经取得正电子存在的证据。据有的史料记载，在P. M. S. 布莱克特等取得正电子存在的初步结果时，卢瑟福让他们不要急于发表，要仔细检查一下，使之稳妥可靠，因而贻误了时间，以致后来获得诺贝尔物理奖时，C. D. 安德森被作为发现者，而P. M. S. 布莱克特则被看作验证者，尽管两者都与预言的作用有关。但是P. M. S. 布莱克特的工作却是按卢瑟福的预言有意识地用卢瑟福的方法和研究路线作出的，正电子的发现再次证实了卢瑟福的深邃洞察力和指导科学研究的突出才能。

8. 新炼金术

在我国和西方古代，都曾经出现过炼制仙丹和黄金的神秘故事，我国的炼丹术主要是古代方术和道教试图通过炼冶仙丹以治病，甚至期望使人长生不老。西方中世纪的炼金术则主要是希望点石为金而发财致富，当然也有一些是为了制药的。但是，在科学技术很不发达的古代，这些尝试和努力都不过是无望的幻想，因为根本不具备将它们实现的可能。

历史的发展是辩证的，古代关于炼金术的幻想和尝试曾经诱使多少代人的辛劳付诸东流，近代化学的出现将这些希望、奇想打入了邪念迷信之牢。但是这种不明不白的梦还常常缠绕着一些人的头脑，只是到了放射性化学和核物理出现之后，这种想法又逐渐回归，而且在眼前开始露出了科学的曙光，然后甚至一发而不可收拾，一个个轻的继而重的元素变成了另一种元素，千古不变的元素教条失效了。

在近代科学中，对于物质品种可以嬗变的信仰一直没有泯灭，而是断续地发展着，牛顿曾经说过所有物质都具有同一的质，它们由同样的最小粒子——原子不同层次地由吸引力结合起来，变成各种各样的物体。法拉第认为牛顿说的物质嬗变说法是可能的，因为会存在一种最原始的物质。他甚至提出“分解金属，然后变革它们，将它们从一种变成另一种，实现曾经出现过的模糊看法，是现在向化学家们提出要解决的问题。”① C. R. 达尔文（C. R. Darwin）提出生物进化论以后，不少化学家和物理学家也在研究非生物和无机物的进化问题，为此 W. 克鲁斯提出了原质的存在，I. N. 洛奇尔（I. N. Lockyer）根据对

---

① B. Jones：“The and Letters of Faradag，London”，（1870）P. 225.

太阳光谱的分析提出了无机物演化论，但是在这方面作出决定性贡献的却是卢瑟福。卢瑟福不仅在1902—1903年间与F. 索迪（F. Soddy）发现了铀、镭、钍和锕的放射性衰变家族图谱和半衰期，而且发现它们最后都衰变成铅，并且这些元素之间也存在嬗变的亲缘关系。后来，他和他的助手和学生用放射元素放出的α射线，打破了不少轻元素的原子核，使它们转变成其同位素或新元素，并且在加速器发明和使用后，又打破了几乎所有的重元素的原子核，使其中一小部分转变成新元素，而且在发现了原子核分裂之后，他又与M. 奥立芬特等一起发现了重氢核碰撞变成氦同位素和放出中子的聚变现象。因此，他在晚年发表的西德威克回忆讲演（Henry Sidgwick Memorial Lecture）中以《新的炼金术》为题，对这个过程做了全面的回顾和论述，后来印成小册子在他去世后出版，引起了很大的影响。

在这本小册子中，卢瑟福回顾说大约从基督存在的时代开始，就有人寻找哲人石以便把一种元素变成另一种元素。这种观念之所以能够经过好多世纪存在下来，主要是由于这样一种哲学观念：所有物质可假定为由同一种初始的物质组成的。随着实验科学的发展和化学知识的增长，物质嬗变的思想逐渐沉寂下来，但同时却在公众中坚持下去，而且到现在用近代的方法产生了极小量的黄金，但用的却是价钱更昂贵的元素铂。他说，随着化学知识的增长，古老的嬗变思想看来不是无益的，现在却发现物质分解成80种以上的不同元素，这些元素的原子显示出永恒的和不可破坏的特性，用那时的物理和化学方法不可能随意改变元素的原子。可是在1902年他和F. 索迪研究铀和钍的放射性衰变并发现它们的初步图谱时，这种永恒受到了猛烈的冲击。根据他的计算，一克铀每秒钟中有24000个原子被破坏并释放α粒子，大约要45亿年才能破坏一半的原子。铀^{238}变成铀^{235}。铀^{235}是不稳定的，继续放射β射线而逐步变成镤和镭，又变成镤和锕。

他说大多数元素平时具有稳定性，未表现出衰变迹象，这可能是因为它们的半衰期太长了而观测不到的缘故。因此在1919年之后，他和他的弟子们用人工的方法使一种元素变成另一种元素，其中一部分是用天然放射性元素自发放射的α射线，另一部分是用人工加速器实现的。他说："近几年我们的普通元素嬗变知识的迅速进展，是由于可检测和计数高速的单个粒子的有力方法的发现才出现的……"例如他发现氮原子核被α粒子轰击而分裂了，P. M. S. 布莱克特发现了氮^{14}转变为氧^{17}就是这样。他也谈到J. 查德威克发现中子、E. 费米发现慢中核嬗变特别有效，约里奥—居里发现人工放射性物质，以及发明高电压倍加器和回旋加速器之后在重元素人工嬗变上所取得重大成就。尽管这位原子能和元素转变的发现者没有活到他的学生O. 哈恩发现铀核裂变和原子能人工大规模释放（原子弹、原子能发电站等）的时候，但是他亲身经历并实现了将千古不变的元素观念埋葬的工作，开创了人类物质观最大变革的新纪元，以致真正实现了旧炼金术点石为金的梦想，用快中子轰击铂以产生金的同位素。但是，这位自称新炼金术士的伟大科学家由于时代条件的局限性和只重纯科学而不大考虑其应用，因此在这次报告和小册子中还是表示了他对原子能大规模释放和利用的悲观态度。他说："即使允许嬗变过程的总有效性随着轰击能量的加大而增加，用这个过程从原子内获得有用能量是不大有希望的。"① 显然，如果在他的实验室内实现了铀核裂变或他活着知道他的学生和朋友O. 哈恩将它发现了，他就肯定会成为原子能大规模释放和利用的主要决策人。

《新炼金术》的发表，自然地表明卢瑟福自己认为是新时代的炼金术士或新炼金术士了。

---

① E. Rutherford: "Newer Alcheng," Cambredge, (1936), P. 65.

9. “科学是国际的”观点的早期提出者

今天，我们时常看到和听到“科学是国际的”和“科学家有祖国而科学是国际的”说法，但是却不知道“科学是国际的”究竟是谁先提出的。有的人说，它首先是爱因斯坦提出的，也有人说是N. 玻尔，但是有一点是肯定的，这个观点和口号不会出自政治家和将军之口，只能由科学家来提出。

根据卢瑟福的学生和助手之一A. 伍德（Alexander Wood）的介绍，卢瑟福在1923年当选大英科学促进协会主席的致辞中，提出了科学是国际的。他的原话是这样的“的确，科学真正是国际的，为了多方面的进步，国家的合作像个人的合作一样重要……况且，卡文迪什实验室永远是国际合作的模型”。[①] 1933年3月希特勒上台，推行法西斯主义和排犹政策，卢瑟福就是在这样的背景下，在1933年5月11日在英属的温哥华举行的第五次太平洋国际科学大会开幕时，在伦敦广播电台向大会发表讲话。他说：“因为科学是国际的，并且我相信将永远如此，正是像你们今天这样的会议才很有助于建立紧密联结不同国家和种族之间的纽带，”[②] 他说他作为新西兰人为皇家学会发起纪念J. 库克的航海发现而自豪。这是有据可查的卢瑟福谈论科学是国际的观点的第二次，也许因为他是新西兰人，对太平洋科学会议很感到兴趣和关心，所以才根据自己的切身感受再次提出了“科学是国际的”名言。

---

① A. Wood：“The Cavendish Laboratory”, Cambridge，（1946），P. 54.

② A. S. Eve：“Being the Life and Letters of Lord Rutherford”, Cambridge,（1939），P. 373.

正是出于科学是国际的观点和对受到德国排犹政策迫害和驱逐的科学家的深切同情心，他毅然站出来，组织救援委员会，进行募捐和召开万人声援大会，为1000多个逃亡的德国科学家、教师和学生筹集支援基金，安排能发挥他们专长的工作。卢瑟福在爱因斯坦离开德国时，请他到剑桥任教，并让他在自己主持的万人支援大会上发表了“科学与文明”讲演。从1933年卢瑟福当选英国救援委员会主席时起，就计划筹集100万英镑作为支援基金。1934年2月德国法西斯的科学界帮凶J. 斯塔克（J. Stark）写信给卢瑟福，反对英国的A. H. 希尔（A. H. Hill）教授在《自然》杂志上发表的公开信，这封信是公开批评德国迫害犹太籍科学家的。卢瑟福随即发表文章，给以严厉的批驳。他写道：“英国一直谨慎地看待任何干涉知识自由问题，不论是关于科学的还是学术的。按照他的看法，相信科学是国际的，与政治见解、信仰和种族无关。因为这个原因，这个国家的科学家自然倾向于批评一个政府的精神状态，这种精神状态导致这样多的科学家离开他们的国家，到国外寻找工作条件。”① 在这时，他以科学是国际性的观点来批驳和反对德国法西斯对犹太籍科学家的迫害。

从这个事例来看，卢瑟福是在国际科学合作和反对法西斯主义排犹两种情况下，是为了科学发展和反对法西斯主义而提出“科学是国际的”观点的，更重要的这种观点是在他作为新西兰人到国外求学和工作，并在培养、教育来自各国的学生的过程中，以及科学交流和合作的多年经历中逐渐形成的。由于卢瑟福是一个世界名人和科学权威，他提出的科学是国际的口号就具很大的影响。

---

① A. S. Eve: “Being the life and Letters of lord Rutherford”, Cambridge,（1939），P. 380

10. 在剑桥培养出7个诺贝尔奖获得者

被誉为培养优秀科学人才巨匠的卢瑟福，在任卡文迪什教授的18年间，培养出了世界第一代的大量优秀核物理人才，这些数以百计的人才遍布世界各地，遍地开花结果，终于带来了核时代。在这些人中就涌现出7个诺贝尔奖获得者，如果再考虑到经他培养过而在别处获该奖的人，数量还要多，这7个诺贝尔奖获得者可列表说明如下：

获诺贝尔奖者	获奖年代	获诺贝尔奖的原因
查德威克	1935	发现中子
阿普尔顿	1947	发现上层大气的阿普尔顿层（即电离层）
布莱克特	1948	应用威尔逊云室发现核物理和宇宙射线新现象
鲍威尔	1950	发明研究核物理的乳胶照相法和发现介子
瓦尔顿	1951	用人工加速法研究原子核的嬗变工作
考克饶夫	1951	用人工加速法研究原子核的嬗变工作
卡皮查	1978	低温物理领域中的基本发明和发现

除去本书前面已经有所介绍的E. V. 阿普尔顿、J. 查德威克、P. M. S. 布莱克特、J. D. 考克饶夫和P. 卡皮查之外，应对E. T. S. 瓦尔顿（E. T. S. Walton）和C. F. 鲍威尔（C. F. Powell）作些介绍。

E. T. S. 瓦尔顿是在1926年从爱尔兰的杜柏林大学来到卡文迪什实验室的，他原来学电气工程理论，对核物理很有兴趣。在1928年取得硕士学位后，正赶上该室决定研制加速器，由于他是学电气工程的，卢瑟福让他帮助J. D. 考克饶夫参加这个直线加速器的研究和试制。由于这项工作的成功，他获得了博士学位。加速器的制成，为人工打破重元素的原子核和重元素的人工嬗变起了关键的作用。他还根据卢瑟福的意见，采用变化磁场产生电场的方法，用旋转法加速电子，而得出过电子回旋加速器的原理。他在1951年与J. D. 考克饶夫一起获得了诺贝尔物理奖。

C. F. 鲍威尔（C. F. Powell）系英格兰人，在剑桥大学物理专业毕业后，在1925—1927年在卡文迪什实验室攻读博士学位。在卢瑟福和C. T. R. 威尔逊指导下对宇宙射线和核物理进行了学习和比较深入的研究，并开始研究宇宙射线的组成和性质，这项研究使他在第二次世界大战后在布里斯托尔大学，用乳胶法在宇宙射线中发现了日本物理学家汤川秀树在1937年预言的π介子，以及π介子衰变成μ子和中微子，1949年又用乳胶法发现K介子的衰变形式。由于这一系列研究，他在1950年获得了诺贝尔物理奖。

此外受到卢瑟福及其在卡文迪什实验室的助手们指导或帮助而获得诺贝尔物理奖的，尚有剑桥的物理学家F. W. 阿斯顿和P. A. M. 狄拉克及德国物理学家H. A. 贝特（H. A. Bethe）。F. W. 阿斯顿发明质谱仪，在前期是由J. J. 汤姆森指导下开始的，但是这项发明的进一步改进和完成则是在卢瑟福时期并受到他的帮助才完成的。P. A. M. 狄拉克是卢瑟福的女婿、理论物理学家R. H. 否勒（R. H. Fowler）的研究生，他们的办公室就设在卡文迪什实验室旁边，负责核物理的理论研究并与核物理实验研究人员配合。P. A. M. 狄拉克等参加该室的日常学术活动，也做些实验，他的相对论性量子力学理论（或称量子场论）和对“空穴”的预言就是在这个时期完成的。他因为这些重大贡献于1933年获诺贝尔物理奖。H. A. 贝特本来是德国物理学家，在慕尼黑大学取得博士学位，博士论文是关于电子衍射理论的，接着研究晶体中能级的劈裂问题。他对核物理和天体物理理论的研究，是从 1930—1933 年间到卡文迪什实验室在卢瑟福指导下进行研究才开始的，因此在 1933 年到曼彻斯特等英国大学任教，1935 年到美国工作。此后他在原子核物理方面的杰出著作，就是以他在剑桥时的研究为基础写出的。他后来变成了核理论物理学家，1938 年他提出了太阳能来自其中的氢核聚变成氦核产生的热核应，而这个氢核聚变现象却是卢瑟福和 M. 奥立芬特在 1933 年用加速器实验发现的。那时，他认为这种聚变不可能在太阳上直接产生，而应经过“碳的循环”反应实现，因为这个理论他获得了 1967 年度诺贝尔奖。1970 年开始，他又集中精力研究天体物理，计算出中子星内部的物质分布，说明中子星最大质量小于太阳质量的两倍，后来又研究了巨星引力坍缩所引起的超新星爆炸等超密天体的理论问题。这一切工作均应追溯到他在卡文迪什实验室时受到的教育和深刻影响。

P. 卡皮查是在 1978 年在苏联获得诺贝尔奖的，但是他在氦的液化机发明和氦Ⅱ超流体等低温物理与超导性质的研究是在卡文迪什实验工作时开始的，只是由于早年被扣留在苏联而耽搁了很长时间。此外，他还一直被保留了剑桥大学三一学院的研究员，因此该学院和卡文迪什实验室把他获诺贝尔奖归于经他们的培养而获奖者名单之中。

仅仅从这个诺尔奖获得者的名单中就可以看出，卢瑟福领导的卡文迪什实验室培养出多少优秀的物理人才。

11.　葬在牛顿墓旁的一代核物理大师

以体魄康健、精力充沛和像永往直前的“鳄鱼”一样的卢瑟福，在 1928 年时老父病逝，1930 年爱女又因难产死去，这是他唯一的子女，给他精神带来很大创伤，当他从这些打击中苏醒过来时，他的老母又于 1935 年过世了。卢瑟福是个有名的孝子，从他离开家乡出来学习和工作，不论走到哪里，都时刻怀念他的双亲，尤其是他的母亲。这位老妇人在年轻时以她善良的慈母之心和做小学教员的知识，哺育着自己的一群孩子。她弹得一手好钢琴，丈夫又会拉小提琴，优雅的琴声陶冶着幼小孩子的情操，12 个子女的歌声，简直像一个儿童歌唱班，为这个苏格兰移民家庭在穷乡僻野增添了无限乐趣。根据 E. 马斯顿回新西兰任教授后对这个家庭的访问和调查，卢瑟福的高贵品德和智慧扎根于父母亲的遗传和悉心教诲。卢瑟福从离开家乡至母亲去世，每两周一定写封信给母亲，每当他获得某个荣誉学位，当选哪个学术组织的主席，被女王封为爵士和勋爵，以及获得重要奖励和诺贝尔奖时，他第一个报告这些喜讯消息的人，就是他的老母。他为人极其忠厚，对父母，对朋友，甚至对学生，都视为亲人一样，一分忠心，一旦建立了友谊，就会持续终生。这位大孝子得知老母病故，悲痛万分，使他本来就忧郁的心情更加沉重。这时，他好像突然变老了。

1934 年之后的几年，他在卡文迪什实验室培养起来的一些骨干，都已经成为世界著名的核物理学家。特别是他的五大干将（查德威克、艾利斯、考克饶夫、布莱克特和奥立芬特）等，都做出了举世闻名的重要成绩，他们的羽翼已经丰满，已经到了应该提升为教授的时候了。但是按照剑桥的传统，一个系只能设一个教授，相当于系的卡文迪什实验室有了他这个教授之外，曾破例设了无薪教授 J. J. 汤姆森，而且为了给 P. 卡皮查设个教授席位，只得向皇家学会申请一笔捐助基金设立蒙德实验室。这件事曾经引起包括 J. 查德威克等资格老、责任重和贡献大的一些英国物理学家们的不满。又由于在剑桥之外，罗马的费米核物理组发现了慢中子核嬗变现象和弱相互作用理论，美国的 E. O. 劳伦斯（E. O. Lawrence）发明了效能更好的回旋加速器，并在加里福尼亚大学贝克莱分校建立了庞大的回旋加速器实验室，在元素人工嬗变和核实验能力上大大超过了卡文迪什实验室，这就使J. 查德威克等年轻一代感到压力很大。而卢瑟福尽管尚可以搞到一定的钱，但是却因自制简单设备作出重要发现的传统观念很深，而舍不得花那样大的代价去制造新型的庞大设备，而且预见到从长远来看无法在花费上与美国竞争。

由于这些原因，J. 查德威克应聘到利物浦大学任教授，在1935年离开了。P. M. S. 布莱克特在1933年到伦敦大学物理系任教授。P. 卡皮查于1934年回到苏联。J. D. 考克饶夫继P. 卡皮查担任蒙德实验主任，并在第二次世界大战开始时担任英国的雷达研究和发展站的负责人。M. 奥立芬特也在1937年到伯明翰大学任物理教授。尽管后起的人才开始成长，但堪负重任者很少，自然增加了年事已高的卢瑟福的负担。此外，他在英国科学与工业研究部顾问委员会主席任上，为了筹划英国的科学和工业发展及如何将科研成果转变成技术，付出了很大的精力。为了支援德国纳粹政权对犹太知识分子的迫害和驱逐，他四处奔走，为这些人寻找工作和募捐，花费了很大的力气。这些沉重的负担使这位体格健壮的强人衰老了。

卢瑟福患疝病多年，一直系着疝带，他又忙于工作，对此病不大在意。1937年10月中旬感到肠胃气胀、呕吐，接着出现肠阻塞并发症，因而做了疝病手术。接着，出现肠麻痹、心脏和血液循环系统衰竭，终于10月19日傍晚去世。

卢瑟福的去世，不仅使世界物理中心——卡文迪什实验室失去了久负盛名的卓越领导人，而且使世界物理学界和科学界失去了一位牛顿和法拉第之后最伟大的科学家之一。卡文迪什实验室陷于极其悲痛之中，各国科学界为之震惊。《泰晤士报》立即报导了他逝世的消息，并称“他是一位伟人”，介绍了他的生平，说他对现代科学起了“导引性的、基本的和主要的贡献，赢得全世界科学界的赞誉”。《纽约时报》立即发布讣告，“世界著名的剑桥大学卡文迪什实验室主任和领导天才卢瑟福勋爵”去世了，并且评价说：“30多年来，由于他研究的放射性使全世界的科学思想革命化，处于英国科学的前沿。后来，他作为一个教师，而不只是一个实验家，甚至更负威名。”英国皇家学会主席W. H. 布拉格说：“他是科学界最伟大的人物之一”，“现代科学的广泛而多样化发展，主要是以他的工作为基础的”。N. 玻尔称他是“具有最大声望的物理学家”，“决定了我的工作道路”和“父亲般的友谊”。核裂变发现者O. 哈恩说他是“物理研究最伟大的导师之一”。弱相互作用理论提出者和原子能反应堆的发明者E. 费米说他是“我们的自然知识的里程碑”，“卢瑟福勋爵在科学史上将被怀念，不仅因为他本人的贡献，而且还因为他作为教师这个字眼的最高意义上的教师”。德国著名理论物理学家，M. 玻恩（M. Born）说：“……他是我遇到的最伟大的人物。”量子力学奠基人之一W. 海森堡（W. K. Heisenberg）说他是“现代原子物理的真正奠基人”。爱因斯坦（A. Einstein）说：“卢瑟福是一切时代最伟大的实验科学家之一，并与法拉第是同一级别的。”我国的王竹溪教授曾经是卢瑟福女婿R. H. 否勒的学生，卢瑟福在世时他们的办公室就设在卡文迪什实验室旁边，他在去世前的病床上对笔者说：“在二、三十年代，卢瑟福是世界上最伟大的科学家，那时爱因斯坦还不行。”

卢瑟福以他终生的科学贡献和杰出才能，赢得了人类历史上最伟大的科学家之一、20世纪上半叶最大的科学组织家和培养优秀科学人才巨匠的声誉，获得过爵士和勋爵，以及诺贝尔奖和皇家学会最高勋章。这位曾经担任过英国皇家学会主席和大英科学促进协会主席的伟大学者的去世，自然得到英国上下的哀悼和隆重纪念。1937年10月25日，在国王代表、首相代表、上议院议长、剑桥大学校长和4位国务秘书出席下，由皇家学会主席、大英科学促进协会主席等10位著名科学家将他的灵柩抬到伦敦市中心的威斯敏斯特教堂的大厅内，葬在牛顿的墓旁。这里埋葬着英国历史上最伟大的科学家开尔文勋爵、法拉第、麦克斯韦、C. R. 达尔文和J. 赫舍尔。这个事实本身就鲜明地说明了卢瑟福在科学界的崇高声誉和地位。

六

培育新科学思想和人才的辛勤园丁

卡文迪什实验室在卢瑟福出任卡文迪什教授兼主任后，从他发现原子核和人工打破轻元素的原子核开始，将该室的研究方向从气体放电研究转到核物理上来，并且发展成世界核物理的中心。在出成果和出人才上取得了举世称颂的一系列重大成就，特别在1932年出现了成就的高峰。但是在1933年P. M. S. 布莱克特到伦敦大学任物理教授之后，他的主要助手因为各式各样的原因逐渐到其他大学任教授，卡文迪什实验室出现雪崩式的衰退局面。一方面是新的核物理研究骨干有待培养，另一方面来自国外的竞争加剧，特别表现在回旋加速器的发展上。与美国相比，英国的经济实力日见衰弱，无力在建造大型回旋加速器上与美国竞争，在慢中子核嬗变方面，意大利和德国出现了优势。在这种情况下，英国又出现了卢瑟福意外的去世，因而使剑桥大学面临卡文迪什实验室的下一步发展方向和对策问题。这一问题如何解决在上层学者和负责人中产生了众说纷纭和莫衷一是的局面。

作为亲手发展起原子物理和核物理的英国物理学家，卢瑟福在晚年早已看到这个局面，他一方面注意培养新人，另一方面由于已经年老，自感无力回天。他在英国科学与工业研究顾问委员会主席任上，为了振兴英国的经济，对科学与工业的结合做了大量工作。他大力宣传和提倡企业建立工业研究部门和科学单位与企业合作，每建立一个工业研究实验室或研究所，他都出席剪彩仪式和讲话，以致使英国在30年代的工业和经济发展上有了明显的起色。他的目的是要从振兴经济着手，以科学与工业结合的办法打开局面。对于卡文迪什实验室和核物理发展，他感到自己做得已经够多了，让后人去做好了。还有一个思想上的原因，这就是他是新西兰人，天生具有国际主义思想，不论哪个国家和哪个研究单位，只要能为核物理和科学做出新的贡献，他都很高兴并给予支持。例如，E. 费米的罗马核物理组在发现慢中子核嬗变之后，起初只在意大利的刊物上发表，而意大利刊物对世界各国的科学家来说不但看得很少，就是看到也不重视，只是在该组派人出席在伦敦举行的国际物理会议之后，特地到剑桥访问他时，他给以支持并推荐到英国的《皇家学会议事录》上发表，才得到国际上的重视。在卢瑟福去世前一年，他在给美国的回旋加速器发明者劳伦斯的信中，一再说他对E. O. 劳伦斯的实验工作很高兴，祝贺E. O. 劳伦斯在制造高电压和强射线束上所取得的成功，并且表示对后者的助手在实验中取得的成绩十分高兴。正是他们之间的多次交往，鼓励了E. O. 劳伦斯及其实验室取得了一个个成功。卢瑟福的这种无私的精神促进了世界核物理的迅速发展。

科学的发展总是此起彼伏地、一浪接着一浪地推向前进，卢瑟福生前看到了这一点，并且在新的情况下尽了自己的力量。他过早地去世了，卡文迪什实验室由于核物理研究已随着卢瑟福弟子的离去而分散到英国几所大学和外国，开始相对地出现了劣势。但是，它仍然保留着当时最大的核物理研究队伍和较强的实力，卢瑟福死后，卡文迪什实验室的主要发展方向如何确定？它的下一任负责人究竟选择什么样的学者担任更有利呢？这些问题紧扣着全室人员的心，也成为剑桥大学决策人们的中心问题，因为卡文迪什实验室已经成为举世著名的剑桥学派的核心。

1. 一个过渡型负责人的选择

为了缓解新卡文迪教授选择的困境，为了有足够的时间深思熟虑这个重大的人选问题，剑桥大学新的评选委员会的委员们经过反复的研究，决定采取一个史无前例的过渡办法，邀请在1936年接任C. T. R. 威尔逊的杰克森教授席位的E. V. 阿普尔顿为卡文迪什实验室的执行主任。这个任命的理由是，尽管他不是研究核物理的，却是沿着麦克斯韦的电磁学发展大方向传统的学者，他已升为教授，而且是该室的老研究人员，了解情况，曾经在该室开创了研究无线电通讯和无线电物理学科。他的出任既有利于核物理的继续发展，又有助于射电天文学和其他新学科的发展。据说，当时评选委员会中有些人认为卡文迪什实验室过去太集中于核物理了，而当时固体物理的重要性已开始显露出来。J. D. 贝尔纳（J. D. Bernal）在卢瑟福时期已经独出心裁地搞起蛋白质晶体结构研究，而且成立了一个小组，为以后固体物理或晶体物理的发展准备了条件。如果E. V. 阿普尔顿担任执行主任，对于下一步向这些新方向发展也很有利。他在职一年中，使无线电物理组筹建起来，为它的进一步发展奠定了基础，核物理组仍在以较强的势头发展着，卡文迪什实验室出现多方向发展的苗头。

到了1938年中期，大学评选委员会经过一年来的考虑，还是认为随着卢瑟福的去世，剑桥的核物理优势已经相对地失去了，今后的主要实验物理发展方向应该按英国国力的情况向应用性更强的固体物理逐步转移。而在英国的有经验和威望的物理学家中，只有W. L. 布拉格既是卡文迪什实验室培养出来的，又熟悉该室的情况，而且他擅长的晶体物理很有可能会更加适合当时的科学发展趋向，因而决定请他从曼彻斯特大学出来担任第五任卡文迪什教授兼实验室主任。

2. W. L. 布拉格是怎样当选卡文迪什教授的?

在新卡文迪什教授的选择过程中,实际上存在核物理派和非核物理派(主要是固体物理学家)之间的争论。E. V. 阿普尔顿被任命为执行主任在客观上对核物理学有利,因为在几位核物理干将到其他大学后,核物理学已无有力的候选人,所以对E. V. 阿普尔顿的上任表示支持。按照阿普尔顿的学生和助手、后来著名的射电天文学家J. A. 拉特克利夫(J. A. Ratcliffe)的看法,W. L. 布拉格的强点是支持非电磁学和非核物理研究路线,而E. V. 阿普尔顿则可能把大多数研究组织到自己的电磁学研究路线。他认为E. V. 阿普尔顿在剑桥大学的内外关系上较好,对该大学的决策能起影响作用,而在这点上W. L. 布拉格却差得多,如果阿普尔顿任卡文迪什教授,对于卡文迪什实验室的外部关系很有益,而且会使核物理和射电天文学得到发展。但是,评选委员会委员G. I. 泰勒(G. I. Taylor)则说卢瑟福的弟子们没有一个堪与他本人相比,要被选上是困难的,而且W. L. 布拉格当了主任以后实验室搞得很好。其他比较了解情况的人都认为,W. L. 布拉格的当选是对该室过去基础物理研究路线的重要威胁,特别是对于卢瑟福学派来说更是如此,他们总是批评W. L. 布拉格对他们的工作和财政支持不够,甚至对评选委员会委员很有意见。可是,实际上那时的英国财政困难,不可能对昂贵的核物理设备给以财政上的必要支持。后来的发展事实表明,W. L. 布拉格虽然对生物学并没有什么兴趣,可是他在发展分子生物学和射电天文学方面起了很大作用。评选委员、核物理学家C. G. 达尔文(C. G. Darwin)则说,对于卡文迪什实验室来说,核物理是过去的一幕了。甚至《自然》杂志也发表文章说，卡文迪什实验室现在发展得这么大，没有一个人能控制得了，布拉格为人机智老练、有领导才能，能够保证使它的许多组织很好地合作相处。现在看来，对于核物理不再能大发展的情况来说，选择一个年纪尚轻却资历深和功绩大的固体物理学家担任卡文迪什教授，是与卡文迪什教授的选择标准符合的。这样做既可以在卡文迪什实验室多年的传统上得到继承和发扬，又可以作为从核物理向其他研究方向转变的过渡阶段。布拉格以他的稳健风格、民主学风和在曼彻斯特大学任实验物理教授时锻炼出来的管理能力，使他能够比较稳妥地度过了这个过渡时期，而且寻找到几个新的和有发展前途的方向，并在分子生物学和射电文学上取得了堪与他的两个前任相比拟的重大成就。

W. L. 布拉格就任后，甚至在第二次世界大战结束后该室的恢复和发展时期内，不时地受到核物理学派的青年一代的不满和责难。他们总是认为卡文迪什实验室是一个基础物理系，在当时室内的各学科中只有核物理才称得上基础物理，分子生物学不过是生物学，射电天文学也是一种天文学，晶体物理在过去被认为只是物理的一个小枝节，与物质组成理论相去甚远。他们有的人甚至认为凡不是核物理的就不是基础物理，因而不应当成为卡文迪什实验室的研究方向和内容。在这种状况下，W. L. 布拉格遇到过许多棘手的问题，尤其在选题和经费分配问题上表现得更为突出。

当时和后来的发展表明，W. L. 布拉格本人的资历、性格和专长，比较符合卢瑟福死后卡文迪什实验室面临的处境和人事困难，以及战后物理的发展方向。他的当选和就任不过是从核物理向半导体和凝聚态物理发展的过渡阶段，为了这样的发展，他采取了多元化的研究发展方向，以便使自己的继任者下一步作出适当的抉择。

3. 遇到困难时多想想卢瑟福是怎么办的

W. L. 布拉格的父亲、著名实验物理学家 W. H. 布拉格是卢瑟福的学长和多年的老朋友，尽管他比卢瑟福大 11 岁和早到剑桥十几年，但是他们都对放射性和原子物理有深厚的兴趣和造诣，并且在研究放射性问题上时常通信，彼此通报和商量。例如，1910 年 J. J. 汤姆森的助手 J. A. 克劳瑟（J. A. Crowther）发表了一篇论文，声称他用实验证明了 H. 盖革和 E. 马斯顿进行的 α 射线被金原子以大于 90° 的角度所反常地散射，是由原子内的所有电子散射的叠加造成的，从而“验证了”J. J. 汤姆森的布丁——面包原子模型是正确的。但是，卢瑟福却发现 J. A. 克劳瑟的实验曲线有一部分是他自己编凑出来的，为此他写信与 W. H. 布拉格商量，W. H. 布拉格对此曲线也存在疑问，并且对 J. A. 克劳瑟提出了批评。正是在他们商讨之后，才使卢瑟福提出了 α 射线的反常大角散射现象是由于原子内存在一个核心的作用造成的。起初，他认为这个中心好像是带正电的，但是经过反复的比较和分析后，终于得出它很可能是带正电荷的，并且在 1911 年 2 月又写信与 W. H. 布拉格商量，到 4 月 20 日左右才将原子核带正电一事初步确定下来。由此可见，卢瑟福对这位学长是很尊重的。有一次，卢瑟福到国外出席一个学术会议，路过澳大利亚时特地去看望 W. H. 布拉格。因为 W. H. 布拉格时常向自己年幼的儿子 W. L. 布拉格谈起卢瑟福富于开创性的研究精神，并且其成就已经在英国和英属领地产生很大的影响，年幼的 W. L. 布拉格执意要见见这位成就杰出的非凡人物，在与卢瑟福见面和谈过话后，W. L. 布拉格对卢瑟福渊博的知识和深邃的洞察力十分佩服，从此开始了与卢瑟福有了交往。J. J. 汤姆森、卢瑟福和 W. L. 布拉格在经历上有一个共同的特点，这就是他们都是从曼彻斯特大学（其前身为欧文斯学院，即J. J. 汤姆森的母校）的物理系进入卡文迪什实验室的。卢瑟福在1919年离开曼彻斯特大学到剑桥任卡文迪什教授时，W. L. 布拉格被聘任为卢瑟福的实验物理教授的继任人。W. L. 布拉格在曼彻斯特大学物理系任了19年的实验物理教授后，又到剑桥接替卢瑟福任卡文迪什教授。他不但自幼钦佩卢瑟福的为人和治学能力，而且在曼彻斯特大学又深深感到卢瑟福卓越的科学才能和由其组织的享誉世界的研究中心，对曼彻斯特大学增添了多么大的荣誉和广泛影响。

W. L. 布拉格到卡文迪什实验室后，一方面遇到了他怎样对待和处理卢瑟福建立起来的庞大核物理学派问题，以及这个学派的年青一代对于将该室的研究方向从核物理向晶体物理转移的抵触情绪；另一方面在第二次世界大战后，卡文迪什实验室又出现了人员大大增加和学科较多，因而在管理上十分困难的情况，这种情况对于擅长晶体物理和自感管理能力比卢瑟福相差甚远的W. L. 布拉格来说是很棘手的。因此他采取的重要办法之一是多问问自己，如果是卢瑟福碰到这种问题会怎么办呢？试图从卢瑟福的管理方法和组织能力上找到解决问题的途径。例如，在加速器发明后，该室过去的一个教授直接管理整个实验室的科学管理方法已经不适用了，卢瑟福采取了建立专门研究高强度电磁场和低温物理的蒙德实验室和分成四个大组的方法。W. L. 布拉格就想到现在人数比卢瑟福时代多了一倍以上，在学科上除了最大的核物理之外，又增加了射电天文学、晶体物理、一般固体物理、分子生物学和电子显微镜等很多专业，如果分成几个大组，大组之下再设小组，并且为了分权，将大组建成自成体系的和相对独立的管理单位可能更合适些。这样，就出现了以大组为单位的管理体制，各配以大组长、秘书、制造仪器设备的车间和技术人员与实验员，从而使卢瑟福开创的大科学时代进入更系统化的科学管理时期。此外，卢瑟福时期虽然设立了副研究指导职务，以统管研究生和实验室日常事务，但是到加速器制成后，因为人员增多和分组指导而使管理有些困难，卢瑟福的高度威望和杰出管理能力实际上还是他一个人说了算，因而招致个别人员在下面发牢骚、出怨言，有的说他“独裁”。W. L. 布拉格吸取了卢瑟福的经验教训，决定设立实验室秘书体系，室秘书管全室的行政事务，并管各大组的秘书，以便在经常事务上更好地为研究和教学服务。W. L. 布拉格以经常向卢瑟福管理方法学习的办法，再加上自己根据新情况提出的一些措施，使他比较顺利地适应了战后卡文迪什实验室的新情况，并且使该室运作有了很大的起色。

4. 任用国内外能人和进行民主管理

前面谈到 W. L. 布拉格出任卡文迪什教授后，遇到了主研究方向从核物理向固体物理转变的特定历史背景，又遇到了第二次世界大战之后卡文迪什实验室人员和规模迅速扩大的情况。在这种情况下自感能力与他的前任卢瑟福相比颇有逊色，为了使卡文迪什实验室能够维持和有所发展，这位作风稳健和富有民主作风的科学家想到主要的办法是任用新的能人和民主管理，因而出现了与卢瑟福的集中式管理相反的民主管理模式。他所以能够采取这样的办法有着这样的一些原因：

① 非岛国意识使他启用国内外专家并委以重任

W. L. 布拉格生于澳大利亚，在那里成长和学习直至大学毕业，然后才回到英国进入剑桥大学深造和工作，他的这个特殊经历决定了他不具有狭隘的英国岛国意识，天生地有着科学国际性的思想。这不但促使他在很年轻时就对德国科学家在 X 射线晶体分析研究上的进展密切注意，而且能够吸收其精华予以发展，对晶体的点阵结构和有关常数用 X 射线晶体衍射和干涉现象进行分析的方法，归纳出规律性的公式，并作出了重大的发现。这种思想还促使他聘请奥地利青年科学家 M. F. 佩鲁兹（M. F. Perutz）负责 X 射线蛋白质晶体结构的研究组，请从美国来的和在奥地利研究过蛋白晶体的生物学家 E. T. S. 沃森（E. T. S. Watson）参加 DNA 研究小组，在 M. F 佩鲁兹领导下这个研究组扩展成分子生物学组，在发现遗传基因的 DNA 双螺旋结构上作出了举世闻名的重大发现，奠定了分子生物学的基础，先后在该实验室出现了 4 个诺贝尔奖获得者。他在该室核物理力量日见颓势的情况下，聘请来自瑞典的核物理学家 O. R. 弗利希（O. R. Frisch）担任核物理组的组长。O. R. 弗利希是著名女物理学家、与 O. 哈恩长期合作研究放射性和核物理的 F. 迈特纳（F. Meitner）的侄子。他在 O. 哈恩通知在斯德哥尔摩的 F. 迈特纳说发现了铀核异常反应时，出色地意识到这是慢中子诱发产生的铀核裂变现象，从而导致了美国制成原子能反应堆和原子弹。O. F. 弗利希因为这个发现而一下子闻名于世，他到英国后很快地到了卡文迪什实验室，不久被 W. L. 布拉格聘任为核物理组负责人。W. L. 布拉格还将他在曼彻斯特大学时研究金属晶体结构的助手 W. H. 泰勒（W. H. Taylor）带到卡文迪什实验室，负责固体物理组，对晶体受力变形的原理进行研究，为后来的金属物理和断裂力学的产生准备了条件。

为了有效地进行实验室的管理，从 W. L. 布拉格来到卡文迪什实验室不久，就紧紧依靠对该室情况十分了解并且在无线电传播和天体物理上很有成就的 J. A. 拉特克利夫，实际上把他作为顾问进行咨询，以填补 E. V. 阿普尔顿未能当上卡文迪什教授的不足。实际上，在 W. L. 布拉格任卡文迪什教授期间，他主要依靠 J. A. 拉特克利夫和 M. F. 佩鲁兹以商讨建室大计，而这两位科学家又确实在他们的专长的领域成为射电天文学和分子生物学迅速得到重大发现和取得重大成就的核心人物。

由于采用了比较开放的研究路线和用人制度，在 W. L. 布拉格任职期间以民主商量的办法填补了自己管理能力的弱点和知识面窄的不足，使全室能够蓬勃地和有生气地发展。

② 成立大组系并进行分权管理

W. L. 布拉格根据自己的长期研究经验和细心观察，认为一个导师最多只能指导 6—10 个人，再多了效果不好。但是到战后几年，该室的教学和研究专职人员已达到 40 人左右，研究生和访问学者已经达到 300 多人，这样大的队伍是他一个人无法指挥的。为此，他仿效工业研究实验室的工业化管理办法，在卢瑟福过去分组的基础上，采取大组系分权管理的体制。到 50 年代初，建立核物理、X 射线晶体物理、分子生物学、射电天文学、低温物理、金属物理数学物理等六个大组，这些大组都自成体系，配备一套研究人员、设备、技术人员、实验员、秘书和制造车间，独立运转，其下又可按照情况设几个小组。这样既可以发挥各个专业自己的主动性和积极性，又可以减小室领导的负担，因此工作效率高了，成果也多了。由于技术人员、实验员和工人能够以大组的成员的身份参加科研和教学活动，成为科学工作中的必不可少的成员，而打消了过去的自卑感，主人翁意识大大增强，工作的积极性和创造性也就自然地提高了。

③ 独出心裁地建立了秘书管理行政事务的体制

为了适应规模迅速增大后行政管理事务繁杂的需要，也为了使实验室的负责人摆脱过多的行政事务干扰，他采纳了一些人的意见，先在实验室设立专职秘书负责财务、房屋分配和日常行政事务，其职位相当于副室主任级别，可以由有管理能力的大学毕业程度的人担任。第一任室秘书是 E. H. K. 狄布敦（E. H. K. Dibden），他是 C. D. 艾里斯在伦敦大学指导的博士生，有很合格的学历，从 1948 年起在卡文迪什实验室任室秘书，管理战后经费大大增加时期的预算和花费，以及房间、设备的分配与调整及其他日常性的行政事务。各个大组也分别设立组秘书，负责财务、信件和资料收发、文件打印和准备研讨班与报告会等事情，整个实验室形成了一个秘书体系，从而把行政事务管理得井井有条。1960年，剑桥大学感到卡文迪什实验室设立行政秘书体制成效很大，就在大学领导机关也设立了秘书，由E. H. K. 狄布敦担任，各系自设秘书，因而形成了剑桥大学的行政秘书管理行政事务的体制，直至今天。这种行政秘书体制在后来从剑桥传到英国各大学，又由英国传到各国大学。我国有些大学的重点实验室已经开始设立由大学毕业生担任的行政秘书和学术秘书，以为科学研究和教学人员服务，效果比较显著。

W. L. 布拉格的民主办室思想，还表现在他对有特长的青年研究人员的支持和帮助上，表现在他善于听取各种建议以改进工作上，还表现在他极其注意发现研究中的新想法和新思路的萌芽上。也许正是由于他的这种民主作风，使他能够及时地发现很多有益的意见，对工作作出改进，也使他能够不拘一格地发现人才和新创见，并扶助他们取得一个个重要研究成果，特别表现在分子生物学和射电天文学方面，仅仅在这两个方面后来就有6人获诺贝尔奖。关于这些方面的详细情况，本书在后面将陆续地予以介绍，以供读者进一步了解。

④ 奇特的人才J. D. 贝尔纳和蛋白质晶体结构研究

J. D. 贝尔纳（J. D. Bernal）以思想敏捷、知识和爱好广泛、出身于物理专业却成为蛋白质晶体研究的先驱、思想左倾及变成科学学的奠基人而闻名于世界科学界，在第二次世界大战结束后倡导和组织世界和平运动并担任第一届世界和平理事会主席，而使他更加著名。

J. D. 贝尔纳早年毕业于剑桥大学物理专业，然后到伦敦的皇家学院在W. H. 布拉格指导下研究X射线晶体学，由于出于名师，他在这方面很有长进，就在1927年以讲师的身份进入卢瑟福领导的卡文迪什实验室，并在1934年成为该室X射线结晶学的助理指导。卢瑟福死后，他于1938年到伦敦大学，接替P. M. S. 布莱克特担任物理教授。

天资聪慧和思想十分活跃是J. D. 贝尔纳的特征，这使卢瑟福对他比较欣赏，但对他后来思想左倾和卷入政治活动而担心他会影响了实验室内的平静和学术气氛。他在X射线晶体分折上的洞察力和作出的发展，使他能够在卡文迪什实验室内分析复杂的化学物质和有机物的晶体结构。1934年，他第一次拍下了蛋白质结构的X射线照片，他的老师W. H. 布拉格认为这是在蛋白质分子结构上的先驱性发现。他还同他的助手成功地制成胃蛋白酶的结晶，这一结果的获得是因为他们将这种结晶保存在其母体的溶液中，能够保持其结晶结构。后来几年中，他认为蛋白质的结构是应在化学与生物交叉的边界上来解决的主要问题，解决这个问题的目的是不难达到的，问题在于工作人员之间的合作程度。他的想法很多，却很少自己去实现。W. L. 布拉格后来回忆说，J. D. 贝尔纳是从未得出结论的大量观测中得出结论性结果的，这是自从X射线结晶学奠基以来最为重要的。但是，也有的人说，J. D. 贝尔纳的想法很多，可是他连三个人组成的组都运转 不灵，1934—1935年，W. H. 泰勒从W. H. L. 布拉格主管的曼彻斯特大学物理实验室到卡文迪什实验室的贝尔纳组工作了一段时间，他对J. D. 贝尔纳的印象是J. D. 贝尔纳能够喷注般地涌现很多思想，但是却让别人将它们拾起来和作出来。可是，卢瑟福却是一个注重实干而轻视夸夸其谈的人，在W. H. 泰勒看来卢瑟福讨厌这种印象主义式的研究方式，而主张和要求光辉思想的提出者自己用美好的实验和不可抗拒的证据予以证明。这样，在研究风格上两个人很不同，而且时有抵触，J. D. 贝尔纳很显然感到在这里受到约束，承受不了卢瑟福的坚决主张，而卢瑟福则很难保留这个“自由社会的懒散预言家”，甚至表现在与J. D. 贝尔纳有关的工作上，如对J. D. 贝尔纳的实验室的供应和经费就少些了。卢瑟福的去世和J. D. 贝尔纳到伦敦大学继P. M. S. 布莱克特任教授，解决了这个有些尴尬的局面。

J. D. 贝尔纳离开卡文迪什实验室时，只留下了他的组的一个人，这就是来自奥地利的M. F. 佩鲁兹。M. F. 佩鲁兹在奥地利学习有机化学，对X射线结晶学很感兴趣，他为了学习X射线结晶分析，来到卡文迪什实验室的贝尔纳实验室。由于M. F. 佩鲁兹的努力和组织，X射线结晶分析由蛋白质转向了遗传基因，终于导致DNA双螺旋结构的发现。

J. D. 贝尔纳在X射线晶体分析方面的研究，的确起了将它转向有机物蛋白质结构研究的先驱者的作用，开拓了一条崭新的研究道路。但是，他在到伦敦大学后，到了第二次世界大战结束时，逐步转向科学史和科学本身发展的科学学研究，这使他付出了不少的精力和时间，由于他善于思考和想象，他在现在称为科学学的领域中起了开创性的学科奠基作用。例如，他的两本成名作《历史上的科学》和《科学的社会功能》就是在详细地搜集大量史料的基础上，用比较符合历史唯物主义的观点写出的，在世界上产生了很大的影响。他在这方面的名声甚至比在物理学上还要大得多。W. L. 布拉格说过，他一想到J. D. 贝尔纳，就想到了“红”。物理教授和在科学学上的开创工作，使他出了名，在战后世界和平运动中作出了重要的贡献。

5. 培育新思想和人才的辛勤园丁

凡是在W. L. 布拉格任卡文迪什教授时期与他共事和受到他培育过的人，都有一个共同的看法：W. L. 布拉格是一个培育新思想萌芽和人才的辛勤园丁。“园丁精神”是对教育家的一种很高荣誉，因为园丁每天以一颗善良的心为花园中的幼苗施肥、浇水和仔细培植，使之长成一朵茁壮而灿烂的鲜花，给人们带来善与美的享受。

曾经在布拉格时期成长为低温物理讲师和后来担任第七任卡文迪什教授的 A. B. 派帕德（A. B. Pippard）后来回忆说：“当一个人回头看看布拉格任卡文迪什教授时期，就会看到他那时播下的种子，在他离开时已经显示出很大的优势，不久后在前进和发现之中结果，可以与卢瑟福领导的卡文迪什实验室相比，甚至有所过之。”A. B. 派帕德还说，因为布拉格创造了一种环境，在这个环境中大量的思想倍出和繁荣，还因为他热情地支持每一项约定的探索，而不论它们是不是指向基本的问题，更受到大家的信赖。这说明，W. L. 布拉格不仅有选择地播下科学种子，而且还能创造一个使种子发芽、成长的良好环境，给以支持和扶持，使它们繁茂成长，因而结出了堪与卢瑟福时期相比拟的许多重要成果。DNA 双螺旋结构的主要发现者之一 F. H. C. 克里克（Francis H. C. Crick）也表示，他从 W. L. 布拉格身上学习到很多东西，而且对他的一生科学道路产生了主要的影响。因此在他发表的一篇文章中说：“劳伦斯. 布拉格爵士也是一个辛勤的园丁。”①

当 W. L. 布拉格从卡文迪什教授职位上退休后，他到伦敦担任皇家学院的自然哲学教授和负责人。那时，他住在一处公家的楼房的顶层，不像在剑桥时的住处旁边有一个大花园，可以每天到花园内照顾各种花和草木了。所以，他每星期用一个下午的时间把自己雇给一个附近不认识他的女士。他有礼貌地把帽子交

① “The Legacy of Sir Lawrence Bragg,” ed. by J. M. Thomas and D. Phillips, Science Reviews Ltd,（1990）, P. 111.

给这位女士，并告诉她自己的名字叫维利（Willie）。他就这样在那个花园里干了几个月，直到有一天有一个参观者从窗户往外看到他时，向这位女主人说："亲爱的，劳伦斯·布拉格爵士在你的花园里做什么？"可以想见，有哪一个著名的科学家能够像他那样去做呢！从这个事便可以看到，W. L. 布拉格在领导一个科学组织时，就像他爱好在花园中做一名默默无闻的辛勤园丁一样，去注意和发现新的科学思想苗头和优秀人才，也就是说他的这种科学的园丁精神与他在花园中的园丁精神是完全一致的，这显示了他的为人和品格的伟大。

人们之所以把他说成科学园地的辛勤园丁，是由他在任卡文迪什教授期间所作所为的大量事例得出来的。他认为，把人们放在纯研究上而与教学分离是危险的，特别是有些教授讨厌学生，常常用学生为自己做事，他认为这是一种主要的科学罪恶。他教导他的助手们说，在科学生活中最纯净的乐趣是看到在年轻人的头脑中培植的思想萌芽，发展成不可预见的程度，并且看到他取得对于他的工作的确认。对年轻科学人员的这种赤子之心，的确表现出了他的花园园丁之心，这也许就是他在卡文迪什教授任期内培植了很多开拓新科学领域的优秀人才的原因吧！

有人说，W. L. 布拉格不大考虑他在科学上的重大成就和年事已高，而是保持一颗吸引人的孩童之心。他有着抓住问题的本质，并将事物放在一个构思好的图像之中的能力。例如，他对正处于工作困难和生活上失去资助的 M. F. 佩鲁兹，M. 赖尔（M. Ryle）和 F. 克里克等就是这样。当 W. L. 布拉格刚到任时，M. F. 佩鲁兹给他看自己拍照的血红蛋白的 X 射线照片，他立即感到用 X 射线法分析像血红蛋白这样的大分子结构的重大意义，这种大分子含有 70000 个原子，它能在生命组织中实现传输氧的生物功能。因此，他对 M. F. 佩鲁兹大加鼓励，并让他领导这个小组，给以支持，使他搞出成果来。这时，M. F.

佩鲁兹的经济来源发生了困难，因为他的父母在维也纳，在德国占领维也纳后失去了联系，他的经济来源也就断了。W. L. 布拉格花了3个月的时间为他申请到一笔洛克菲勒基金，每年有375英镑，并将他任命为自己的助手，从而挽救了他的科学生涯，并使随后他能将已找到下落的父母从奥地利接到剑桥，因而使M. F. 佩鲁兹在个人和家庭生活上免去了后顾之忧，能够安下心进行科学研究。作为一个奥地利人，M. F. 佩鲁兹在剑桥有着多方面的困难，尤其是感到孤独。W. L. 布拉格为他成立了X射线蛋白晶体分析小组，不但使他有了发挥才能的机会，而且便于消除孤独感，可以进行学术交流和讨论。经过几年的努力，到了1947年，分子生物学组已经具备了成立的条件，因为那时J. C. 肯德鲁也回来了，但是还缺乏必要的经费。W. L. 布拉格从卡文迪什实验室和剑桥大学找不到财源，生物学教授D. 凯林（D. Keilin）建议他到英国医药研究委员会去试试，他就找该委员会秘书，说M. F. 佩鲁兹和J. C. 肯德鲁正在研究很有意思的分子生物学问题，却因为经费的困难而使他们的成功变得遥远。他还说明了这项研究的重要性，其成果将对医药有很大的实用价值。他终于说服了这位秘书，使其克服财务上的困难设法给予支持。因此，有些学者认为W. L. 布拉格对分子生物学的最大贡献是从各个方面给予很大的支持，特别在看来几乎没有什么希望时给予了决定性的帮助，甚至在解释X射线照片时也起了决定性的作用。在F. H. C. 克里克刚来到剑桥时，原想参加J. D. 贝尔纳的实验室的工作，但是没有取得成功，他就去找W. L. 布拉格。W. L. 布拉格让他到M. F. 佩鲁兹组，并拜其为师，进行正射线蛋白质分析研究。但是，F. H. C. 克里克在第二次世界大战时在海军中习惯于按长官的命令行事，因此他等待M. F. 佩鲁兹的命令和安排，而M. F. 佩鲁兹却已经习惯于卡文迪什实验室的研究方法，让每个研究人员自己去想办法和独立研究。因此两人在方法上不合拍，以致使 F. H. C. 克里克的研究工作开始很迟，直至发现 DNA 双螺旋结构时才获得博士学位，那时他已经 38 岁了。

F. H. C. 克里克作为一个研究生不但显得年龄大了，而且过去在这方面没有做过多少工作，困难很大，以致使 W. L. 布拉格感到烦恼，怀疑对他们关照是否太多了。F. H. C. 克里克在性格上比较直爽，敢于直接提出批评，而不论对方是教授还是什么人，这使 W. L. 布拉格有时感到不愉快，何况那时 F. H. C. 克里克的研究前景还是模糊不定的。有一天，W. L. 布拉格与 M. F. 佩鲁兹和 J. C. 肯德鲁讨论实验中的问题，F. H. C. 克里克突然走进来，不问清楚情况就批评 W. L. 布拉格的看法是错误的，自然使 W. L. 布拉格心中很不高兴。F. H. C. 克里克在过去读过不少生物学的书，而且在数学上也受过很好的训练，当他看到 M. F. 佩鲁兹的论文中有些差错时，就大胆地提出来，让 M. F. 佩鲁兹纠正。其实，F. H. C. 克里克对 DNA 大分子结构的想法在开始时没有被 W. L. 布拉格和 M. F. 佩鲁兹接受，而 W. L. 布拉格也没有抓住他的想法的要点，只是等到双螺旋结构的想法确实有道理时，W. L. 布拉格才给予更大的支持，而终于使他取得划时代的成功。只是到这个时候，W. L. 布拉格让他和 J. D. 沃森写出总结和论文，并且用自己不凡的绘画才能帮助他们画 DNA 双螺旋结构图，然后推荐出去发表。由此可见，尽管工作中有过难免的不协调，甚至还有 F. H. C. 克里克的爽直批评，但是 W. L. 布拉格对 M. F. 佩鲁兹、J. C. 肯德鲁和 F. H. C. 克里克的热情支持，帮助解决经费和各方面的困难，以及在他们走上成功之路中播种、浇水、剪枝和培植的辛勤园丁精神，始终没有衰退。在他看来，他在科学生活中最纯净的乐趣是见到在青年人头脑中培植的思想萌芽，能够发展成未预见到的范围并看到他们取得对他们工作的承认。W. L. 布拉格是专门研究 X 射线晶体结构分析的，他在生物大分子的结构研究上看到他的助手和学生运用 X 射线摄谱仪去分析，自然发现自己的发明会在生物学得到应用而分外高兴，这是他对分子生物学十分关心的重要原因。

W. L. 布拉格的园丁精神还表现在他对射电天文学的支持和发展上。前面谈到，他接任卡文迪什教授后，十分注意依靠无线电物理学家 J. A. 拉特克利夫，这个做法实际上促进了射电天文学的发展。我们知道对剑桥的射电天文学作出决定性发展的是 M. 赖尔。M. 赖尔是在第二次世界大战结束后来到卡文迪什实验室的，虽然他是从牛津大学物理系毕业的，但是在战争期间从事电气工程工作，没有接触近代物理研究，因此在刚到卡文迪什实验室时遇到了知识上的危机，心情十分不安和失望。就在这时，他得到 W. L. 布拉格的热情支持和鼓励，让他跟随 J. A. 拉特克利夫做些研究。按照他原来的想法，他不愿从经典无线电理论着手，J. A. 拉特克利夫建议他研究雷达接收信号的特殊干扰，因而把他引向了射电天文学之路。

W. L. 布拉格在卡文迪什实验室中属于光学研究路线的，但是他对 M. 赖尔有很大的帮助，这些帮助主要表现在 M. 赖尔刚来时因为专业知识上的困难而不知所措时，对他的鼓励和将他介绍给无线电物理组及拉特克利夫，表现在道义上和知识上的鼓舞；表现在因为发现射电天体而与国外学者发生发现权争论时对他的支持；表现在他提出用射电摄谱仪测量法把天空中射电天体的大小和位置简化，这是模拟分子生物学中测定原子排列才想出来的；表现在他于 1953 离任时，建议让 J. A. 拉特克利夫任卡文迪什实验室的执行系主任达一年之久。总之，由于 W. L. 布拉格的格外支持和帮助，M. 赖尔不但使射电天文学组大大发展起来，而且在 1967 年发现了脉冲星，并证明它们是中子星，到 1968 年又发现了约 10 个新脉冲星。M. 赖尔在 1959 年就被提升为教授，他的射电天文学组人员发展到全室人数的三分之一，并被任命为皇家天文学家，1974 年他和 A. 休伊什（Anthony Hewish）获得了诺贝尔物理奖，M. 赖尔还被女王授予爵士称号。

美国贝尔实验室的 K. 强斯基（K. Jansky）在 1932 年发现地外天体发出的电波后，M. 赖尔等从科学上做了深入的研究，终于作出了重大的发展，并且使卡文迪什实验室的射电天文学研究处于世界领先的地位。

W. L. 布拉格的园丁精神，还表现在对晶体物理和电子显微镜等学科的支持方面。可以说，没有他的园丁精神，就难有分子生物学和射电天文学的大发展。

七

分子生物学诞生和成长的摇篮

卡文迪什实验室从1895年之后，一直是用物理实验的方法揭示无机物的物质微观组成及其变化规律为主攻方向的主要世界物理研究中心之一，并且以作出一系列的划时代发现和培养出大量的优秀科学人才闻名于世的。但是，到了本世纪30年代，由于量子力学和量子场论的诞生和发展，促进了用这种新的物理理论研究生命物质的微观组成和探索遗传基因的大分子结构的尝试。

分子生物学在今天，已经成为现代科学革命扩展的重要领域，在分子生物学基础上产生的分子生物工程或基因工程已经成为世界各国科学发展的热门学科。它在搞清遗传的机理和改良品种与医治疑难病症上，日益显示出巨大的威力。最近在英、美等国出现的克隆技术，使用动物机体中的细胞经过克隆技术而人工地培养出绵羊和小牛，引起了世界的关注和震惊。因此，有些人说21世纪是分子生物工程的世纪，也有的人说下一次科学革命将是分子生物学革命。尽管这些说法还有待考虑和推敲，但是分子生物学大发展时代已经到来，为此，在这里有必要就分子生物学如何在卡文迪什实验室诞生的问题，做力所能及的介绍和说明。

众所周知，分子生物学是从X射线蛋白质晶体结构分析的研究开始的，然后才扩展到遗传基因DNA大分子的结构和复制方面。因此，本章将从这两个方面分别作概要的介绍和说明，因为这些是卡文迪什实验室的一些科学家们为现代科学革命作出的新的重大贡献。

1. 蛋白质分子结构是怎样发现的?

要介绍蛋白质晶体的X射线分析，还必须从J. D贝尔纳(John D. Bernal)到卡文迪什实验室研究晶体结构和建立结晶实验室谈起。

J. D. 贝尔纳在剑桥学习物理，在1923年毕业后到伦敦的皇家学院，在W. H. 布拉格指导下学习X射线晶体结构分析。1927年他回到卡文迪什实验室，作为晶体结构讲师在卢瑟福指导下继续进行研究，并在1934年任卡文迪什实验室的助理研究指导。前章已经谈到他是一位思想极其活跃和新想法不断涌出的青年物理学家，但是具有提出想法多却很少自己予以深究和做出结果的特点，并且在核物理居绝对中心的卢瑟福时期，他显然受到一定的制约，处境并不轻松。他在这里，逐渐对蛋白质晶体结构发生了兴趣，这也是结晶学的一个新生的却十分重要的空白领域，乐于支持新思路的卢瑟福给予支持，使他后来在该室建立了蛋白质晶体结构实验室，试图运用W. H. 布拉格的X射线晶体结构分析的方法开辟出一条新的研究路线。早在1934年，他就拍摄了蛋白质晶体结构的X射线照片，因而在这个研究上迈出了可喜的一步。但是，在以核物理为主要研究中心的卢瑟福时期，不论从学科上还是他自由的个性方面，都感到受到限制，因此在1938年，当P. M. S. 布莱克特从伦敦大学到曼彻斯特大学任物理教授时，就到伦敦大学继P. M. S. 布莱克特出任物理教授，并且除将奥地利来的M. F. 佩鲁兹留下外，把其他人员带走，可是他在后来对卡文迪什实验室的蛋白质晶体研究一直十分关心。W. L. 布拉格对于J. D. 贝尔纳在1934年拍下的蛋白质晶体X射线照片评价甚高，称之为蛋白质分子结构研究上的先驱性的重要发现。早在那时，W. L. 布拉格就意识到这是他和他的父亲开拓的X射晶体分析向有机物领域扩展的重要起步工作，其意义是重大的。

1938年，W. L. 布拉格出任卡文迪什教授，担负着将该室的主要研究方向从核物理转向固体物理的任务。但是在庞大的核物理组和卢瑟福的深刻影响面前，这个转变十分困难，阻力很大。为此，他采取了先扶持其他方向新思路的多方向研究战略。当M. F. 佩鲁兹把自己拍照的血红蛋白质晶体的X射线照片给他看时，他看到了新生学科的希望，大加鼓励，并且为M. F. 佩鲁兹申请到一笔基金，使M. F. 佩鲁兹不但解决了生活来源断绝的困难，而且能够展开这方面的研究。

第二次世界大战结束后，参加雷达研究和发展站工作的J. C. 肯德鲁在J. D. 贝尔纳的建议下，来到卡文迪什实验室，受到W. L. 布拉格的接纳，并推荐给M. F. 佩鲁兹，因而使蛋白质晶体研究的力量得到加强。不久，就成立了分子生物学研究组和实验室，M. F. 佩鲁兹研究血红蛋白质晶体结构，J. C. 肯德鲁研究肌红蛋白质晶体结构。J. C. 肯德鲁在战时对微波雷达技术很熟悉，并且在J. D. 贝尔纳和L. 鲍林（Linus Pauling）的影响下，从化学专业转到生物学研究上，这使他能够利用剑桥大学战后得到的一台美国电子计算机，对蛋白质晶体结构的实验结果进行分析，进展较快。

M. F. 佩鲁兹和W. L. 布拉格按照J. D. 贝尔纳离开时交给的解释和说明血红蛋白质晶体结构照片的思路，一起研究了14年，却没有取得很大进展，主要原因是缺乏化学知识。到了1953年，即W. L. 布拉格将从卡文迪什实验室退休时，M. F. 佩鲁兹对过去的工作进行反思，想起J. D. 贝尔纳等曾经提出用将两个汞原子引入血红蛋白质分子中，作为参照点来说明其余的分子结构，因而打开了新的研究思路。在 W. L. 布拉格离开前两个月取得了进展，但是要解决这个问题还需要相当长的时间。在 1965 年时，W. L. 布拉格写了一篇报告，其中谈到他和 M. F. 佩鲁兹在研究的第一阶段的思路是错误的，他将蛋白质晶体结构的研究分成五个阶段。第一阶段是 M. F. 佩鲁兹设想血红蛋白质分子像一个药丸盒式的结构，是一种有规则的多肽键结构。第二阶段为相信它们是螺旋式结构，这是受到 L. 鲍林的某些原子间的键系螺旋式排列的思想影响，采用 L. 鲍林的 α—螺旋结构。第三阶段为近似地确定分子外形时期，开始了定量分析的时期。第四阶段为利用血红蛋白质结晶的皱缩和胀大特性作出的解释。第五阶段为 1954 年 M. F. 佩鲁兹采用 J. D. 贝尔纳等提出的把重原子（如汞原子）引入血红蛋白质的大分子的确定位置，这是受美国有人将汞原子以化学定量的比例引入一种分子结构中的启发后进行的，但是并不改变血红蛋白质分子在细胞中的排列，足够准确地测量了由于引入重的原子产生的性质变化。到 1958 年，M. F. 佩鲁兹尽管作了上述努力，并且已经接近成功的前夜，但是还有待最后的突破。

J. C. 肯德鲁的研究开始时进展比较缓慢，因为要取得足够大小的肌红蛋白质大分子的结晶存在困难，后来，他的一位同事提供水下动物如鲸鱼的大量肌红蛋白质结晶，才取得了突破。他发现在这种肌红蛋白质分子的结晶中可以引入 5 个重原子，因为它的分子量只有 17000，约为血红蛋白质分子量的四分之一，比较容易做到。他与他的助手用电子计算机计算测量了大量数据，破译了它的结构，使血红蛋白质大分子的结构的秘密完全揭开了。W. L. 布拉格在皇家学院了解到这些进展后说，现在他相信问题肯定能得到解决。J. D. 贝尔纳首先看到 J. C. 肯德鲁的肌红蛋白质分子结构模型后说道："我一直知道它应当就像那样，"它并非一种有规则的结构。

在J. C. 肯德鲁取得成功后，M. F. 佩德鲁兹参照他的经验，很快构成了自己的血红蛋白质大分子晶体结构模型及其分析结果。这样，生物大分子结构的模型经过达20年的漫长研究，终于画上了句号。这是卡文迪什实验室从X射线晶体结构分析出发，进行生物大分子晶体结构分析得出的一大成果。这个成果比DNA大分子结构模型的研究开始要早10余年，而结果的出现却迟了5年，主要是因为它们的结构更加复杂和探索过程中走了不少难以避免的弯路造成的。

2. 重大发现——DNA双螺旋结构

与血红蛋白质和肌红蛋白质的生物大分子的结构相比，遗传基因脱氧核糖核酸大分子DNA的结构可能简单些，但是它的重要性由于关系到生物遗传基因秘密的揭示，却要重要多了。因此，这项研究不仅在卡文迪什实验室内进行，而且在美国加州大学贝克利分校、欧洲大陆几个国家的大学和伦敦大学，也在同时紧张研究，并且竞争相当激烈。

我们知道，美国加州大学贝克利分校的著名化学家L. C. 鲍林（Linus Carl Pauling）在1951年发现了蛋白质的α—单螺旋结构，而获得诺贝尔化学奖。他在作出这项震动世界的重大发现之后，立即投入更重要的遗传基因大分子结构的分析研究，他企图继续沿着单螺旋结构的思路去简而易便地予以解决。但是，由于他是个化学家，缺乏生物知识，更不了解DNA大分子的结构比蛋白质的分子结构要复杂，不是用单螺旋结构所能解决的，因而走了弯路，贻误了时机。科学上的发现有时是奇妙的，往往无旧思想框框的青年人敢于离经叛道，能够从前所未有的新思路去考虑，反而容易得到成功。

在M. F. 佩德鲁和J. C. 肯德鲁分别研究血红蛋白质和肌

红蛋白质大分子结构的同时，剑桥物理出身和在伦敦大学国王学院任教的M. H. F. 威尔金斯（Maurice Hugh Frederick Wilkins）及其助手R. 弗兰克林（Rosalind Franklin）也在全力地研究DNA的结构问题。M. H. F. 威尔金斯和R. 弗兰克林在开始时也在用L. C. 鲍林的某些原子间的链系螺旋式排列的思想影响，采用L. 鲍林的α—单螺旋结构的观点进行，在发现行不通后，又考虑了三螺旋和四螺旋结构，后来认定了三螺旋结构的思路。

前面也谈到过，F. H. C. 克里克在第二次世界大战后来到卡文迪什实验室，由于W. L. 布拉格的坦诚相助，在J. C. 肯德鲁指导下攻读博士学位，可是直到1949年才开始有机会从事分子生物学的真正研究。在L. C. 鲍林于1951年发表他的单α—螺旋蛋白质大分子结构时，关于染色体基因物质结构的猜测蜂拥而起。M. F. 佩鲁兹、J. C肯德鲁和W. L. 布拉格自然对此极其关注，因为遗传基因的分子结构比红色蛋白质和肌红蛋白质的分子结构重要得多，而且更加基本。W. L. 布拉格认为，过去对于遗传基因的许多说法看来是不真实的，可是他找不出关于染色体的X射线衍射照片的哪怕是部分的解释。他还由于缺乏必要的化学知识，而不了解包括双键在内的化学分子结构。L. C. 鲍林在蛋白质结构上的成功主要来自他的丰富的化学知识和对生物大分子结构的深刻洞察力，可是他在DNA上的失败却由于他的不妥当的实验材料，这个实验材料是由W. T. 阿斯特布里（W. T. Astbury）拍照的实验照片得出的，在这种照片上有两种角质素（Keratin），一种是α角质素，另一种是β角质素，出现在同一照片上，而要作出正确的判断，只能在照片上出现一种角质素。如果L. C. 鲍林看到了伦敦大学的M. H. F. 威尔金斯的照片，他就很可能得出正确的结果。M. F. 佩鲁兹、J. C. 肯德鲁和W. L. 布拉格却因为化学知识的欠缺，得出了不正确的化学信息，他们给 DNA 的结构添加了不需要的约束，因而发生了失误，这个失误使 F. H. C. 克里克和 J. D. 沃森发现了契机，走上胜利的征途。

在 J. D 沃森看来，在 DNA 双螺旋结构发现过程中，有 5 个人起了重要的作用。这 5 个人是 F. H. C. 克里克、L. C. 鲍林、M. H. F. 威尔金斯、R. 弗兰克林和他本人，而 F. H. C. 克里克在剑桥起了主要的作用。他认为，F. H. C. 克里克思维敏捷、穿透性强且时常给人以劝告，却经常遇不到赏识，几乎每个人都说他说得太多，成果却少。在 W. L. 布拉格和实验学家佩鲁兹之间，F. H. C. 克里克偶尔做实验，却经常沉溺于解决蛋白质结构的理论思考之中。一旦他得到什么新的想法，就很激动，立即告诉所有愿意听到的人，不久就又投入了实验，直到又产生了一个新的想法或理论。他说话声音很大，而且快，笑起来能使所有的卡文迪什实验室的人知道他在哪里。他与 W. L. 布拉格说话也如此，声音大到使布拉格想躲到哪个屋里去，往往使布拉格不安。F. H. C. 克里克的这种性格导致他不为该室负责人所理解。

F. H. C. 克里克原学物理，他改学生物学的原因是受 E. 薛定谔（E. Schrodinger）的《生命是什么》一书的影响。这本书是 1944 年出版的，他在 1946 年才读到，由这本书他知道基因是生命物质的细胞的关键成分，为了了解生命物质，必须首先研究遗传基因。不久，卡文迪什实验室的生物物理学家们对脱氧核糖核酸 DNA 结构发生兴趣，要对它进行研究，需要花二、三年的时间，对于他做博士论文来说确实显得长了些。那时，在卡文迪什实验室取得物理博士学位却对生物学发生兴趣的 M. H. F. 威尔金斯，已经到伦敦大学的国王学院任教并进行这项研究。他采用在卡文迪什实验室学习到的 X 射线晶体分析方法，研究蛋白质分子结构，并且扩展到脱氧核糖核酸分子结构方面，拍照了这方面的照片。而F. H. C. 克里克对研究这个问题似乎兴趣不大，因为F. H. C克里克毕竟是个研究生，也是这方面的新手。威尔金斯的助手是女青年. 弗兰克林。

J. D. 沃森用X射线衍射法研究DNA是受到M. H. F. 威尔金斯的影响才开始的。那是在1951年春天，他是在出席在意大利的那不勒斯召开的一次关于生物细胞大分子的国际会议时，与威尔金斯交谈才了解到的，是在他知道F. H. C. 克里克进行DNA结构研究之前几个月。J. D. 沃森在美国的印地安纳大学做研究生时，原指望不学化学就可以研究基因，但是在学习期间他学了有机化学，深知将生物知识与化学知识结合对基因研究会有重要的作用。他在这所大学取得了生物博士学位。后来，为了进一步研究基因，他来到丹麦的哥本哈根大学，在颇有名气的生物学家H. 卡尔卡（H. Kalckar）领导下的生物化学组做博士后，导师是意大利生物化学家S. 鲁利亚（S. Luria）当时S. 鲁利亚和他的朋友、加州理工学院教授M. 德尔布吕克（M. Delbrück）共同建了一个研究组，专门研究如何控制细胞的遗传。J. D. 沃森就是以这个组成员的身份出席那不勒斯会议的。他的目的是希望在会议期间取得关于生物大分子结构的信息和知识，以便运用他从M. H. F. 威尔金斯那里得知的X射线结晶分析的方法研究生物大分子的结构，来完成自己的博士后研究。他在会议开始时看到了M. H. F. 威尔金斯拍照DNA的X射线衍射照片，并且与后者详细地交谈，使他感到这张照片比他过去看到的更清楚和细致，可以看出这是对DNA的大分子结晶拍摄的，这使他想到如果知道了DNA的结构，对于了解基因如何工作来说，自己就会处于更有利的地位。

早在参加会议之前，J. D. 沃森对于DNA大分子的结构一直想象为不规则排列，因而感到烦恼。M. H. F. 威尔金斯的照片和谈话使他知道基因是能够结晶的，因此它必定会是有规则的结构，可以径直地研究下去，求得解决。于是，他希望能参加威尔金斯的研究组研究 DNA。这时，他在美国的漂亮的姐姐来到意大利并来看他，威尔金斯似乎对他姐姐有好感，他产生了通过姐姐与威尔金斯相识，来达到他去伦敦研究的希望，结果使他失望了，可是他知道了用 X 射线衍射法研究 DNA 结构的知识。

为了达到这个目的，他考虑到加州理工学院去找发现单 α 螺旋蛋白质结构的 L. C. 鲍林，但鲍林名气很大，要他教不大懂数学的生物学家是困难的，找威尔金斯看来可能性也不大，于是他想到剑桥的 M. F. 佩鲁兹对生物大分子有兴趣，就给导师 S. 鲁利亚写信，请他帮助在剑桥找个位置。也许是巧合，S. 鲁利亚出席一次国际学术会议，在那里遇到 M. F. 佩鲁兹的搭档 J. C. 肯德鲁，肯德鲁正在赴美途中参加这个会，而且正寻找合适的人跟他研究血红蛋白质，S. 鲁利亚推荐说 J. D. 沃森可能是最合适的人选，J. C. 肯德鲁同意了，结果促成 J. D. 沃森到剑桥，并且作出了周知的重大发现。

M. F. 佩鲁兹接到 J. C. 肯德鲁的信，信中说有一位美国生物学家要来卡文迪什实验室跟他一起在下一年进行研究。J. C. 佩鲁兹说他有一个想法验证 L. C. 鲍林的 α 单螺旋结构，J. D. 沃森在这里只化了一天的时间就得出结果，确认了鲍林的预言，但他不能完全跟 M. F. 佩鲁兹做下去，因为他甚至对结晶学的理论基础——布拉格定律几乎一无所知，M. F. 佩鲁兹请他去见 W. L 布拉格。

在卡文迪什实验室，J. D. 沃森与 F. H. C. 克里克谈话中发现了二人兴趣相投，一拍即合，总算找到了知道研究 DNA 比蛋白质更重要的人，这是一大幸运，并且也找到了机会学习蛋白质的 X 射线分析方法。他们在午餐谈话中，很快集中到基因是如何结合在一起的。几天后，他们达成一个理解：模仿 L. C.

鲍林并在他自己导演的喜剧中冲击他!

当时，他们两人都认识到 L. C. 鲍林用多肽链取得的成功，自然可以同样用于研究 DNA 结构，那时几乎没有一个人认为 DNA 是全部问题的中心。伦敦国王学院的威尔金斯实验室遇到的困难使 F. H. C. 克里克和 J. D. 沃森决心投入 DNA 研究，从而排除了两年来困扰克里克的血红蛋白干扰。当 J. C. 肯德鲁从美国回来时，发现 J. D. 沃森不像是要跟他研究血红蛋白质的结构，经过一些踌躇之后，同意 J. D. 沃森涉足于 F. H. C. 克里克的工作。

克里克（左）和沃森（右）合影

经过不长时间的研究，J. D. 沃森发现 L. C. 鲍林的成功不是用复杂的数学推理得出的，而是一种共同意识的产物。因为在大多数情况下其结果不是用数学方程而是用语言描述的，这就为数学基础差的他们提供了用同样的方法研究 DNA 结构的可能性；全部关键是先构成一个模型，然后再去验证它。很幸运，他们发现这个模型也是螺旋结构的。他们从一开始就想，DNA 应当是大量的核苷酸以有规则的线性结构联接在一起的大分子。其原因之一是相信自然的简单性，他们不认为M. H. F. 威尔金斯和R. 富兰克林说的DNA大分子结合在一起而形成结晶聚合物的理由是正确的。威尔金斯和R. 弗兰克林从三螺旋结构观点研究DNA大分子结构，而F. H. C. 克里克和J. D. 沃森则很快得出DNA的结构比L. C. 鲍林的单α螺旋结构会更加奇巧。在α单螺旋结构中，单个的多肽链合成为一个螺旋形排列，这种排列是由该链上各族之间的氢键结合在一起的。M. H. F. 威尔金森曾经告诉F. H. C. 克里克，DNA分子的直径大于只由一个多核苷酸链构成的分子直径，这种想法使他认为DNA分子是由几个多核苷酸链拧在一起的复合螺旋结构，结果得出DNA分子是三个或多个螺旋的结构，这是他在1952年夏季在出席剑桥的讨论会期间得出的。可是，对于DNA究竟由多少个螺旋构成的，F. H. C. 克里克和J. D. 沃森却另有新的想法，在无框框的思维方式中大胆地想，并寻找新的实验根据。

J. D. 沃森认为，对于解决这个问题有帮助的是烟叶的花叶病毒TMV，因为TMV的活跃成分是苷酸，核苷酸的成分并不是DNA，而是一种核糖核酸（RNA）——核苷酸的次级形态，注意到这个差别对他们有利，因为威尔金斯并不主张是RNA，而如果能解决RNA的结构问题，就会对DNA结构提供关键性的解决办法。J. D. 沃森在F. H. C. 克里克帮助下终于拍得TMV的X射射线照片，照片表明这是一种沿螺线轴每隔23Å转一圈的一个螺旋结构，他们以《对于观察野鸟者而言的福里哀转变》的题目写成论文。这样，他们有了这个结果，对于解决DNA的大分子结构模型问题的信心就更强了，一天晚上，J. D. 沃森沉入DNA、RNA和蛋白质之间的关系的思考之中，总是无法入睡，走出去散散步，又转回来想了又想，从墙上撕下一页纸，在它上面写了DNA ⟶RNA ⟶蛋白质，箭头不表示化学变化方向，而是表示基因信息从DNA分子内的核苷酸传输到蛋白质中的氨基酸的顺序。

为了研究和交流关于DNA分子结构问题，1952年圣诞节前在伦敦大学国王学院和剑桥大学卡文迪什实验室的分子生物学家，哥本哈根大学的S. 鲁利亚，美国加州理工学院的德尔布吕克和L. C. 鲍林等集中到英国皇家会讨论，似乎没得出什么明显的结果。不久，伦敦大学的M. H. F. 威尔金斯、R. 弗兰克林等又来到剑桥，与剑桥的几位分子生物学家聚首讨论，各说各的理，也未得出明确的结论。但是就在这种商讨和紧张思考中，还是促进了研究的进程，看来出路很可能在三螺旋和二螺旋之间的一种，也就是在伦敦的和剑桥的二种想法之一作出抉择。据J. D. 沃森的回忆，他曾经从R. 弗兰克林那里看到过DNA大分子的X射线衍射图，从这个照片易于看出，可能是双螺旋结构。他在寒冷的冬季夜晚回到克莱尔学院并越过后大门时，脑子中出现了构成是双螺旋结构的决心，而他相信F. H. C. 克里克必定会同意的，因为F. H. C. 克里克是个物理学家，了解这个重要的生物学对象会成对出现。

第二天早晨，当F. H. C. 克里克还在床上看《自然》杂志时，J. D. 沃森冲进W. L. 布拉格应在的M. F. 佩鲁兹办公室，讲解他想的DNA双螺旋结构的细节，画了一个草图后，他指出DNA是沿螺线轴上每隔34Å重复一圈的螺旋形结构。W. L. 布拉格不久就提问，并打断了他，他明白自己的讲述通过了。接着，他不失时机地谈到L. C. 鲍林的问题，说鲍林在大西洋那一边搞出那个结果时却允许在DNA上出现第二次裂缝，是太危险了。在汇报了自己的想法后，J. D. 沃森立即赶到实验室的机械员那里，请他制造嘌呤矣嘧啶的模型。实验结果说明，DNA 中的嘌呤和嘧啶的分子总数相等，可为对 DNA 的双螺旋结构起重要作用的碱基配对原则奠定科学的基础。W. L. 布拉格不仅没有对这个想法予以拒绝，而且对制造模型给以鼓励和支持。F. H. C. 克里克在开始还坚持对二螺旋和三螺旋模型给予同等的注意，以便进一步区分，但他很快也集中到二链模型上，并把二相邻的长链的螺旋角定在 30 和 40 度之间，然后才确定了螺距为 34Å。关于剩下的问题，如两个螺旋链中腺嘌呤、乌嘌呤、腺嘧啶和胞嘧啶之间是否存在对应关系等，由于发现产生氢键的腺嘌呤碱基与纯腺嘌呤结晶中的情况相同，而得到启示。果真如此，每个腺嘌呤碱基会有两个氢键，以转动 180° 角的方向和与它相关的另一个腺嘌呤碱基相连接。更重要的是两个对称的氢键还能够使它与乌嘌呤、腺嘧啶或胞嘧啶结成“对”，因而自然地使 DNA 分子由两个它们组成的链构成，每个链由同样的碱基对间的氢键结成一体的碱基顺序展开。J. D. 沃森和 F. H. C. 克里克到这时，越来越感到信心十足和胜利在望了，他们想到一个由两个氢键结合起来的腺嘌呤——腺嘧啶对与由两个氢键结合起来的乌嘌呤——胞嘧啶对的形状相同的想法油然而生。这两种总是配对存在的想法如果确实存在，则意味着两个相互缠结的链是互补的，就像 N. 玻尔为了解释量子力学中位置与速度总是相伴地而不可能单独地确定所提出的互补原理那样。为了进一步说明这个问题，他们决定要不失时机地制成 DNA 双螺旋结构的三维空间模型，并且感到他们的名字将与 L. C. 鲍林联在一起了。

笔者手头有一篇 J. D. 沃森和 F. H. C. 克里克在 1953 年 3 月 12 日写的研究报告手稿复印件，这个日期表明他们从 1951 年 11 月到 1953 年 4 月之间花了 18 个月的时间，终于以他们的划时代发现宣告了分子生物学的诞生，宣告了生物学史上自 C. R. 达尔文（C. R. Darwin）的进化论发表以来最激动人心的重大发现。

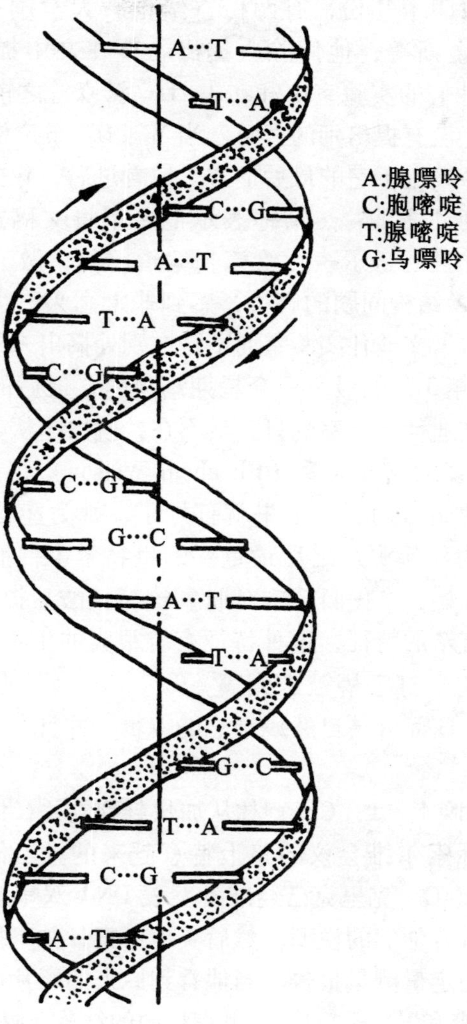

同类碱基配对构成 DNA 双螺旋结构简图

当J. D. 沃森和F. H. C. 克里克写出第一个准备发表的手稿时，就打印了几份，有两份寄给伦敦大学国王学院的 M. H. F. 威尔金斯等，他们除去提出希望在文中提一下弗拉瑟（Fraser）在他们的实验室中和在J. D. 沃森等之前已经考虑过氢键基之外，没有提出别的意见。当W. L. 布拉格看到论文稿时，该稿已经接近于它的最后形式。他看过后，除去对很少的书写风格做了变动之外，热情地表示他希望将文稿寄给《自然》杂志发表，并且还寄了一封给该刊编辑的信，做了进一步的说明。他对DNA结构问题的解决，感到非常高兴，当然重要原因之一是它是在卡文迪什实验室而不是在别处搞出来的。

到1953年3月的最后一个星期结束时，最后的文本准备打字，由于卡文迪什实验室的打字员不在，就由刚从美国来看望弟弟J. D. 沃森的E. 沃森（Elieabeth Watson）小姐动手打字，大约900字的文章用了一下午就打好了，她为能参加自C. R. 达尔文的《物种起源》之后最重要的生物学事件而高兴。该文以这样的话开始："我们希望对脱氧核糖核酸盐提出一种结构，这个结构具有新的特征，这种特征有着很大的生物乐趣。"下星期二早晨，这个打字稿被送到W. L. 布拉格的办公室，第二天，即4月2日寄给《自然》杂志的编辑，并且在5月初正式发表了。

4月4日晚上，L. C. 鲍林从加州赶到剑桥，他是在去布鲁塞尔参加国际索尔维会议的路上特意赶来的。当他得知J. D. 沃森和F. H. C. 克里克已经准备发表DNA双螺旋结构时，他决定停下来看看他们的模型，然后实地考察，并坚持要看伦敦大学国王学院的定量测量报告。当他看到原来的照片后，就得出了与J. D. 沃森和F. H. C. 克里克相同的结论。这表明，J. D. 沃森和F. H. C. 克里克的工作大功告成了。

《自然》杂志在发表J. D. 沃森和F. H. C. 克里克的研

究报告时，同时披露了 M. H. F. 威尔金森和 R. 弗兰克林的两篇实验报告，借以说明他们在通向 DNA 双螺旋结构的过程中伦敦大学国王学院所起的作用。1962 年 10 月，诺贝尔奖委员会决定授予 J. D. 沃森、F. H. C. 克里克和 M. H. F. 威尔金斯以生理与医学奖，授予 M. F. 佩鲁兹和 J. C. 肯德鲁以化学奖。获奖名单中却没有 R. 弗兰克林的名字，原因是她在 1958 年过早地去世了，时年才 37 岁。按照诺贝尔奖委员会的规定，该奖不授予已经去世的学者，R. 弗兰克林因而失去了获诺贝尔奖的机会。

J. D. 沃森和 F. H. C. 克里克发现了 DNA 双螺旋结构，引起国际生物学界的极大重视，不少生物学家特别是分子生物学家纷纷转向 DNA 和遗传基因的研究，使新生的分子生物学蓬勃发展起来。

W. L. 布拉格在为 J. D. 沃森写的《双螺旋：发现 DNA 结构的个人说明》一书的序言中说："首先，该书有科学上的趣味。克里克和沃森发现的这种结构，已成为本世纪主要的科学事件之一。……我曾经是那些促使作者在他记忆犹新时写他的回顾的人之一，我深知他们对科学史的贡献有着何等重要的意义。"①

J. D. 沃森和 F. H. C. 克里克的发现引起了一系列的后续工作，如美国生物化学家 A. 科恩伯格（A. Kornberg）用 DNA 作为样板，进行验证实验，J. H. 泰勒（J. H. Taylor）用氚标记碱基以追踪 DNA 的复制过程，M. 梅塞尔森（M. Meselson）用大肠杆菌研究 DNA 复制的实验等，都证实了 J. D. 沃森和 F. H. C. 克里克的 DNA 双螺旋结构是正确的。大约从 1955 年起，卡文迪什实验室鉴于分子生物学组的名声大著，人

① J. D. Watson："The Double Helix：A Personal Account of the Discovery of the Structure of DNA，New American Library，(1969)，P. Vii.

数增多，需要大量的研究资金和设备，并且与物理学的距离越来越大，因此到 1962 年争取到一笔资金为分子生物学的研究建立了大楼和实验室，从卡文迪什实验室分离出去成立了剑桥大学的分子生物学实验室。从而使这几位诺贝尔奖获得者及他们的助手们有了更宽阔的用武之地，可以进行更大量的研究工作。

W. L. 布拉格在 1954 年到伦敦皇家学院（Royal Institution）任自然哲学教授兼指导，但是他对剑桥的蛋白质和 DNA 结构研究继续怀有很深的兴趣。他在那里负责计划和安排由 H. 戴维（Humphnrg Davy）和 M. 法拉第建立每周举行向公众进行科普讲演的研讨会。他还在 P. 郎之万（Paul Langevin）去世之后，在 1946 年当选为国际索尔维物理会议的主席，并连任五届，直至 1961 年，因而对这 15 年之中世界基本粒子物理学的蓬勃发展，从组织研讨和学术交流方面在高层次物理学家们之中产生了很好的影响和作用。F. H. C. 克里克在到布鲁克林（Brooklyn）做了一年的继续研究之后，又回到剑桥继续研究基因密码的性质和操作，在这个领域内他成为世界权威。J. D. 沃森回到美国，在大学里教书，并继续带助手研究，在大肠杆菌的乳糖操纵子和噬菌体的抑制子等的分离上作出了贡献。他在 1952 年提出的细胞信息流动 DNA ⟶RNA ⟶蛋白质方向，被 F. H. C. 克里克在 1958 年发表的《论蛋白质的合成》一文发展成著名的“中心法则”：信息可以由核酸传到核酸和蛋白质，而不能从蛋白质传到核酸。这个法则经过后来的发现，得到补充，可以概括成：

$$\text{DNA} \rightleftharpoons \text{RNA} \xrightarrow{\text{转译}} \text{蛋白质}$$

$$\text{DNA} \big\downarrow \text{自我复制}$$

DNA

这个法则能够对基因的突变从分子结构上进行解释，也可以从分子水平阐述遗传密码的传递、转录、转译和胚胎的分化，从而揭示了生物的遗传、发育和进化的内在原因。M. H. F. 威尔金斯后来集中研究 DNA，直到确认双螺旋结构的主要性质正确无误。后来，他转向神经系统的组织和运作机理研究。R. 弗兰克林后来到贝尔纳实验室工作，研究烟草镶嵌病毒，很快得出其基因的螺旋结构的精确定量图，确定了主要的螺旋参数等，在 1958 年她于 37 岁时病逝。

八

无线电物理与射电天文学的突破

以“主的作为是很博大的，凡是对其中感兴趣的东西在这里都要予以探索出来”为宗旨的卡文迪什实验室，除去前几章谈的几个主要研究方向之外，自然要就它的成员感兴趣的一些方面展开范围广泛的研究和探索。在这些方面中，在无线电物理和射电天文学上的研究，值得特别予以介绍和说明，因为这是现代物理革命的一个重要领域，而且卡文迪什实验室的一些科学家们确实作出了很多广为称道的重要发现和发明。为进行这方面的介绍，还需要从电磁理论向无线电物理发展情况谈起。

早在19世纪60年代，英国政府的专门委员会和剑桥大学的专门委员会决定在剑桥大学设立实验物理教授和专业时，就明确提出了要讲授和研究光、电和磁等应用物理知识，并将它们纳入数学优等生和自然科学优等生考试科目之内。在J. C. 麦克斯韦担任第一任卡文迪什教授后，就将电磁学和电阻测量作为卡文迪什实验室早期的主要教学和研究的内容，并为此贡献了他的晚年。他在电磁场方程组中不但奠定了经典电磁理论的基础，预言电磁波是电磁传播的形式，而且预言了光是一种电磁波。1887年H. R. 赫兹（Heinrich Rudolf Hertz）用实验证实电磁波存在以后，J. C. 麦克斯韦的电磁理论取得全世界物理学家们的承认和接受，而且电磁信号的收发研究也得以迅速地展开，其中就有O. 洛奇（Oliver Lodge）制成金屑检波器并检测过电磁波。E. 卢瑟福从1894年自制了电磁检波器，在新西兰的坎特伯雷学院实现了隔障碍物60英尺距离收发电磁波的成绩。1895年，他到卡文迪什实验室做研究生，就是由于这个工作而取得了1851年大英博览会奖学金，并被J. J. 汤姆森愉快地接收下来的。他在剑桥继续改进了自己的检波器，实现了在卡文迪什实验室与剑桥天文台之间隔2英里收发电讯号的创记录成绩，并在皇家学会和大英科学促进协会的会议上做了讲解和实验表演，而成为发明无线电的先驱者。不久，由于进一步发展存在一些技术问题和开尔文勋爵认为要将它商业化需要高达10万英镑的资金，当时剑桥大学拿不出这样多钱而遇到了困难。这时正值发现X射线之后，J. J. 汤姆森和整个实验面临研究X射线、放射性辐射和阴极射线的组成、性质及它们对气体放电的作用等任务，建议卢瑟福放下无线电研究而从事这些方面的研究，导致卢瑟福改变了研究方向，转到放射性方面，从而在后来在原子物理和核物理方面做出了巨大的成就。G. W. 马可尼（Guglleimo William Marconi）正是采用了卢瑟福的电磁检波器并加上了天线，才完成了无线电的发明和付诸应用。这可以看作卡文迪什实验室的物理学家们研究无线电物理的早年情况。

J. J. 汤姆森的早期学生和助手C. T. R. 威尔逊（Charles Thomson Rees Wilson），从1894年在苏格兰的本·尼威斯（Ben Nevis）山上观察到云雾被阳光照射出现彩云的现象的启发，从1895年开始研究尘埃颗粒在湿空气突然膨胀到一定程度时成为云雾水滴核心的效应，因而萌发了带电原子或离子作为云雾核心而能被观察的想法。他花费了10年左右的时间，终于制成了著名的云雾室，简称为云室，成为后来原子物理和核物理上观察粒子的十分有用的仪器，并在1927年获得了诺贝尔物理奖。

E. V. 阿普尔顿（Edward Victor Appleton）在1911年到卡文迪什实验室学习，在C. T. R. 威尔逊指导下研究雷暴的大气电效应。在卢瑟福出任卡文迪什教授后，C. T. R. 威尔逊让

E. V. 阿普尔顿应用他特制的天线检测雷电电场的变化，并促使他研究大气上层的导电层及其高度，因为地面上发出的电磁波如果没有大气上层中的屏蔽是不可能在远距离的地面上被收到的。这时，在英国科学和工业研究部的 R. 沃森—瓦特（Robert Watson – Watt）正追随和扩大 C. T. R. 威尔逊的雷暴研究，后来他在第二次世界大战前发明了雷达。到 1924 年，E. V. 阿普尔顿在研究生 M. 巴尔奈特（Miles Barnett）协助下，着手系统地记录英国广播电台（BBC）发出的无线电信号的强度，发现这种信号分两路到达，一路沿着地面的方向，另一路却从大气上层反射回来，因而对大气上层反射回来的信号十分惊奇，决定展开系统的研究。不久，他到伦敦大学国王学院出任物理教授，继续这项研究。到 1925 年，他发表了关于反射大气层（后来称为电离层）高度测定的论文，测得它距离地面约 60 公里高，并且对它的结构特点和机制得出不少成果，使他的名声远扬全球。卢瑟福在这一年当选为皇家学会主席，特地为此召开了一次专门的讨论会，并对其大加赞赏。1936 年，他回到卡文迪什实验室接替 C. T. R. 威尔逊的教授职位。1947 年，他被授予诺贝尔物理奖，两年后被封为爵士，并在 1953 年当选大英科学促进协会的主席。他在 1937 年卢瑟福去世后，担任卡文迪什实验室执行主任约一年，1938 年出任英国科学和工业研究部的负责人，在第二次世界大战中对发明和应用雷达及国内与国际的军事科学工作发挥了重要的作用。

E. V. 阿普尔顿的学生 J. A. 拉特克利夫（John A. Ratcliffe）于 1921 年进入卡文迪什实验室，是 E. V. 阿普尔顿的研究生，在 1924 年开始研究大气电现象。在 E. V. 阿普尔顿到伦敦大学任教后，他继续他的老师的大气电现象的研究和教学工作，并且在 W. L. 布拉格出任卡文迪什教授后，成为 W. L. 布拉格咨询和依靠的主要助手之一，第二次世界大战爆发后，他到 R. 沃森—瓦特的雷达研究和发展站工作，成为那里的主要官员之一，在E. V. 阿普尔顿和J. D. 考克饶夫领导下做了重要的工作。大战结束后，他很快回到卡文迪什实验室，利用他的大气电研究和研制雷达的知识开始无线电物理的研究领域，对战后该室的无线电物理和射电天文学的发展起了很大的作用。

1. 无线电物理研究的进展

第二次世界大战之后，J. A. 拉特克利夫在卡文迪什实验室着手恢复大气电现象和微波探测方面的研究。他把战时在雷达站从事雷达工作的M. 赖尔（Martin Ryle）要到卡文迪什实验室，并且还接收了A. 休伊什（Anthony Hewish）等，建立了无线电物理组，从1948年正式组成并运转起来。他本人研究无线电探测上层大气的性质，以及外部空间射向地面的无线电波问题。他和助手们研究了“卢森堡效应”（Luxenbourg effet），这个效应是一个电波发送器发出的无线电波对另一个发射器发射的电波传播的影响。例如，从剑桥接收爱丁堡发射的400米无线电波长是经过电离层反射回来的，却受到中继站发射的1500米电波的影响，以致使爱丁堡发射的400米波的强度减弱了。他们发现这是由于它发射的电子被1500米波加速，因而在电离层中增加了对爱丁堡发射的电波的吸收。这项研究是卡文迪什实验室与英国广播电台合作进行的，因此有助于利用英国广播电台的广播信号作为参考。此外，他们还发现来自太阳的1米波被有一定距离的两处接收器接收时，由于地球的转动，达到这两个接收基地时发生了干涉现象，记录仪上出现干涉光环。利用增加接收器距离的方法，观察距离变化对干涉光环的影响，可以计算出太阳电波发出部位的范围，几乎可以肯定它来自日斑爆发处，也就是说确定了这是日斑爆发时发射出来的。这项研究是一种新的天体物理观测，几乎与气候的变化无关。

J. A拉特克利夫领导的无线电物理研究，对于地球上无线电的收发和广播电台的播送都具有重要的理论和应用价值，发现了低至75公里的电离层反射的电磁波和电离层中类似风式的电子运动，研究范围从太阳发射的电磁波扩展到银河系发射的电磁波。他们测定了横跨太阳光盘发射的射电亮度，研究了在水星轨道四分之一距离上的太阳包层的最外层，观测到受太阳大气掩蔽的射电天体。随着测定射电天体准确度的提高，使天文学家们关注了与两个最强的射电源看来一致的发光体。其一像是银河系中的物质云，另一个像是两个银河系中的天体在1亿光年距离处发生碰撞的现象，因而表明超出光学望远镜可达范围处的天体是可以观测到的。

无线电物理的上述发展表明，J. A. 拉特克利夫领导的无线电物理学已经进入射电物理领域，而从大气电现象的研究扩展到宇宙空间中射电源观测已经提到日程上来，有必要成立专门的射电天文学研究组来专门负责这个广阔的新领域的探测。

2. 射电天文学的重大发展

M. 赖尔虽然过去在牛津大学物理系毕业，并且在雷达研究和发展站工作了几年，但是在来到卡文迪什实验室后，面对战后物理学的迅速发展和研究工作的崭新要求，深深感到自己在知识上不相适应而十分苦恼，陷入知识危机之中。就在这时，J. A. 拉特克利夫对于这位在战时雷达研究和应用上颇有才华的年轻人十分同情，就建议他避开大气电物理而转到大气层之外的天体射电现象的研究上，因为这对于熟悉微波雷达探测的M. 赖尔或许会发挥他的才能。这项建议得到W. L. 布拉格的支持和鼓励，因此J. G. 克洛瑟（J. G. Crowher）说："拉特克利夫是把赖尔发展成射电天文学家的扳机。”①

1932 年，美国贝尔实验室的无线电工程师 K. G. 强斯基（K. G. Jansky）在进行无线电研究时，意外地发现来自地球之外的无线电信号，经过仔细地比较和分析，他得出这种电磁波不是地球上发出的，而是来自宇宙空间。1940—1942 年，美国无线电业余爱好者 G. 瑞珀（Grote Reber）又进一步研究，发现了其他波长的空间无线电信号，但是他们仅注重无线电的工业应用，而没有从基础科学的角度深入研究它们的具体来源和机制。早在战争期间，英国的雷达研究和发展站曾经意外地发现 4 米波长的雷达接收到一种磁波的干扰，当时误认为德国发明了新的用于战争的无线电装置，进一步的研究又说明它可能来自太阳。战后，英国的无线电研究人员从基础科学研究着眼，试图从物理学上做更深入的探索，因而形成了射电物理研究的新学科，以便寻找它们的地外射电源及其性质。

M. 赖尔受命利用自己在战时学到的雷达探测知识和技术展开这方面的研究。因当时经费相当困难，就到战时雷达站和其他军事部门废弃的旧仓库的材料堆中，找来了一些无线电器件和材料，制造简单的仪器，包括制成一台简单的射电干涉仪，与他的同事们一起观测太阳发射的米波信号。到 1947 和 1948 年，F. G. 史密斯和 A. 休伊什先后加入，组成射电天文观测小组，在日斑最活跃时进行全天候观测。为了观测日斑不活跃时的地外电波，他们又改进了射电干涉仪，可以测到微弱的电波信号，用以测定日斑及其周围的射电云发射的信号。后来，他们又制成具有相距 250 米天线的射电望远镜，甚至可以使天线的距离成为可变的，利用两个天线收到的电波干涉相位的变化计算太阳上发射无

① J. G. Crowther：“The Cavendish Laboratory”, New York，（1974），P. 387.

线电波范围的直径大小。经过不断改进，射电望远镜的灵敏度大大提高，可以测到较弱的和距离更大的射电源。

M. 赖尔是一位具有工程技术能力和原创性研究能力很强的科学家，他自制仪器特别是射电望远镜的能力和技巧相当强，这是他后来能够取得一系列重大发现的重要原因。他们从 1946 年测到日斑射电源大小和天鹅座射电源的直径后，1949 年他们组的 H. M. 斯坦尼尔（H. M. Stanier）制成和应用天线综合系统，测定了日盘上发射电波的分布情况。1950 年，他们又发明了相交换干涉仪，消除了背景辐射的干扰，避免了来自天空和附近电机产生的不必要辐射的影响，第一次观测到宇宙射电源，在其他处的光学望远镜的帮助下，于 1951 年准确测定了仙后座和天鹅座的射电源。在 1955 年，他们做了空间射电源普查，发现射电源的密度随距离而增加，因而激发了宇宙学研究的兴趣。从 1959 年到 1965 年，M. 赖尔及其助手和学生又进行了第三、四、五次射电源普查，在第四次时普查了整个北方天空，前后发现了 5000 个射电源，其中 90% 是以前未观察到的。

随着观测仪器的大型化和复杂化，需要的资金越来越大。在 W. L. 布拉格退休和 N. F. 莫特上任的时期内，经过几次交涉，穆拉德公司（Mullard Company）决定捐助 10 万英镑，供制造观测设备和建筑之用，因此在剑桥郊区建立了穆拉德实验室，使射电源研究向宇宙学发展成为可能，到 1958 年证明大多数射电源位于河外星云之内。1961 年，M. 赖尔和 A. 休伊什等描述了射电源在空间深度的分布及其对于宇宙学研究的重大意义。1963 年，在澳大利亚、剑桥、曼彻斯特、莫尔文雷达研究站和美国的帕洛马山的天文学家共同协作下，发现了距离遥远和能量很大的银河系中心处爆发的类星射电源。这是一种外貌类似恒星、辐射谱线有巨大红移的强射电源，它的紫外辐射很强，呈蓝色。卡文迪什实验室的穆拉德实验室提出，在大约一百万年中类星体会发展成典型的双射电天体。经过检测到的类星体，其距离远在80亿光年，每个射电源的发射电磁波时间可持续1000万年，因此观测到的放射源到现在已经不存在了。到了70年代初，卡文迪什实验室的射电天文学家认为，约100亿年之前的宇宙是稠密而热的，他们的1英里射电望远镜或许揭示了银河系正形成时的天体。那时认为在这些很远的天体之外是真空的宇宙。

为了进一步研究射电银河系天体形成的机理，需要建设5公里的观测设备，人们称之为射电天线阵或射电望远镜。1972年10月17日，当时的皇家学会主席A. 霍格金（Alan Hodgkin）爵士发动了建设5公里射电天线阵和射电望远镜的研制，并且筹集资金。这台望远镜带有固定的和可移动的天线，天线之间的距离可以公里数量级变动，其效用能够与5公里直径的碗形反射望远镜取得的效果相当，而造一座这样大的碗形反射望远镜在工程上有着难克服的巨大困难。在地面上造的任何望远镜的放大倍数都受到电离层和对流层的不规则性的限制，前一种限制大体上已经了解，而后一种限制在当时还不太清楚，需要做基础性的研究。研究表明，为了进行观测，用镜直径5至10公里测3至6厘米的微波，采用角分辨率比弧秒要好，最后采用了4.6公里镜直径和在轨道上移动天线的方案。轨道长1.2公里，沿轨道装4个固定天线，各相距1.2公里，用变动4个移动天线位置的方法，形成128个不同的间距，可进行任何特种观测，绘制的射电源角度范围由间距的数量决定，反射镜的基础和结构必须精确到1毫米，镜面曲度偏离通常用抛物面—双曲面，以便形成更好的镜面照度分布。这座5公里射电望远镜的工程浩大，结构复杂，成本为2.1百万英镑，由英国科学研究委员会提供。

在1972年，剑桥大学的卡文迪什实验实室有6个教授，射电天文学方面就有两个，占了三分之一。一个是1959年成为教授的M. 赖尔，另一个是1971年被授与教授的A. 休伊什，有

91 个科技人员和 20 多个研究生从事射电天文学研究，可见短短 25 年间射电天文学取得多么重大的发展。

1965 年，皇家天文台由海军部移交给科学研究委员会管辖，1972 年 M. 赖尔被任命为皇家天文学家，从而确认了卡文迪什实验室在射电天文学发展中的重要地位和作用。

3. 脉冲星或中子星的发现与意义

A. 休伊什（Anthony Hewish）生于 1924 年，1943—1946 年在皇家飞行站做科技人员，在那里与 M. 赖尔相识，战后回到剑桥大学，并在卡文迪什实验室做无线电物理研究生。在 1948 年毕业后，参加 M. 赖尔的射电天文学研究，与射电天文学组一起参加了很多射电天体的观测和发现工作，他的最著名的发现应当是脉冲星。

A. 休伊什在经过十几年的射电天体观测和射电望远镜的研制与使用后，已经成长为熟练的射电天文学家。1964 年，他开始研究射电信号产生的闪瓅现象，行星间的星际空间的等离子体云造成的电磁波衍射现象是提供射电源大小信息的方法之一。为此，他在 1967 年设计和研制了观测射电闪瓅的特制望远镜。它由含有 2048 个偶极和覆盖 1. 8 公顷面积的天线组成，可进行 3. 7 米波射电的观测，一周内要可以扫描整个天空，每周可产生 120 米长的记录纸带，由女研究生 J. 贝尔（Jocelyn Bell）进行检查。1967 年 8 月，她在记录带上标出有些像闪瓅源的地方，在接近午夜时因为行星间的空间中的介质较低，明显地显示出闪瓅现象。开始时，她怀疑是由附近的电机的电干扰造成的，可是她敏锐地想到这种闪瓅在大约同样恒星时间隔出现重复现象，虽然在位置上似乎稍有变化，却基本上是确定的，就像 K. 强斯基当年观察到的地外射电波那样。为此，A. 休伊什和 J. 贝尔一起进行观测和分析这些记录，发现它们不存在视差，因而显示了射电源在太阳系之外。到11月28日，他们发现其射电波以有规则的间隔脉冲相继地到来，几天后终于确定了它们的确如此，有十分惊人的规则性，因为它们与远距离的天体射电源发出的信号不同，而是极其准确的间隔脉冲。据估计每次脉冲持续时间为20微秒，射电源为行星大小的，脉冲之间的时间间隔是极其准确地一致，开始时测得的间隔为1.3373011秒，堪与最纯的晶体钟的精度相比。进一步的研究表明，脉冲射电源的体积极小，含有巨大的能量密度，A. 休伊什用多普勒效应检测射电源的行星运动时，发现了它的惊人的规则性。到1968年1月，他们指出脉冲率是恒定的，误差为千万分之一。J. 贝尔又花了3个星期检查了5公里长的记录带，发现了3个以上的脉冲星，当时还不清楚频率位移是由星际介质离散造成的还是射电源本身引起的。后来的研究说明，脉冲星位于银河系之内，像是白矮星或中子星，恒定的脉冲周期的最简单解释看来是由于整个脉冲星的径向振动造成的，脉冲星的大气中的振击波是由某种高能粒子——等离体的相互作用引起的无线电闪瓅。在发现脉冲星之后8个星期，他们发现了脉冲辐射后，就将这个重大发现发表了。在一年内，共发现了10个以上的脉冲星，其中6个是在剑桥发现的，其他的在美国和澳大利亚。

后来证明，脉冲星是在剑桥由A. 休伊什和J. 贝尔在3.7米波长上，发现来自狐狸座的、周期极短的脉冲信号，脉冲周期为1.337秒。到1978年共发现了300多个脉冲星，他们发现的第一个脉冲星标记为PSR1919+21，1919表示该星的赤径是19小时19分，+21表示它的赤纬是北纬21度。

脉冲星的发现具有特别重要的意义，因为它是恒星演化到晚年时，因引力收缩而使其原子内的电子和质子接在一起，而形成由中子构成的天体，所以它是具有很强磁场和快速自转的中子星，其表面磁场强度为 10^{12}—10^{14} 高斯。脉冲的准确周期是由脉冲星自转周期决定的，它辐射的能量靠消耗自身的自转能而来。脉冲星为中子星的发现表明，本世纪二、三十年代核物理的产生和发展对于天文学和天体物理研究有相互印证和启示的重要作用，因而表明人类对科学的发展是和认识宇宙同步的，地球上人类的科学发展到什么程度，对宇宙的认识也就达到什么样的程度。反过来说，天体的演化和观测也是一个大实验室，中子星在宇空中的条件下形成和运转着，但是在地球上人类的科学技术还达不到使电子和质子结合到形成中子物体的程度，因而启示着科学家们向这个方向不懈地努力。中子星宣告了宇宙间存在着一种新的物质形态，这就是中子构成物质的新形态。

九

超导体和半导体研究在卡文迪什实验室

卡文迪什实验室在卢瑟福于1937年突然去世后，出现了核物理作为主研究方向的断层和研究主方向转移的大问题。由于核物理人员占绝对优势，这个转变经过了15年的漫长时间。W. L 布拉格在1938年继任卡文迪什教授后，特别在第二次世界大战结束后，采取了多方向培植研究方向的战略。这个战略执行的结果，虽然在他本人专长的X射线结晶分析上培养了一些力量，但是分子生物学和射电天文学却意外地蓬勃发展起来，并且成就辉煌，逐渐偏离了物理学的轨道，而形成十分复杂的局面。

1954年，剑桥大学决定，卡文迪什实验室应该沿着W. L. 布拉格偏离的非核物理方向，重点向战后取得很大发展的半导体物理方向发展，因此选定了剑桥核理论出身，后来在布里斯托尔大学建立起有力的固体物理学派的N. F. 莫特为新的卡文迪什教授。N. F. 莫特作为固体理论物理学家，承担起将该室的主要研究方向转到半导体上来和加强理论物理的任务，以便与战后英国经济发展的要求和世界物理发展的趋势相适应。到来后，他把分子生物学组分离出去，砍掉了建立大型加速器计划，从而进一步削弱了实验核物理发展的势头，而转向参与欧洲核子研究中心CERN的实验和进行高能物理理论研究。经过这样的一番调整，卡文迪什实验室在60年代正式转到以半导体和超导体研究为主的方向上来。

1971年，N. F. 莫特从卡文迪什实验室退休，A. B. 派帕德出任卡文迪什教授，超导体研究的地位进一步上升。派帕德把擅长凝聚态理论物理的 S. F. 爱德华兹教授从曼彻斯特大学请来，以便加强凝聚态和理论物理的研究力量。这种力量的调整，到 1983 年 S. F. 爱德华兹出任新的卡文迪什教授后，凝聚态物理的比重越来越大，甚至将半导体和超导体研究包容，形成了凝聚态研究占绝对优势的态势。到 1990 年后，这方面的教授占全部 10 个教授中的 6 个，射电天文学占 3 个，而核物理和高能物理方面到现在不但没有教授，甚至连高级讲师也没有。由此可见，从 N. F. 莫特到来之后，该室的研究方向和重点产生了多么重大的变化。由于这些变化，导致了该室在半导体、超导体和凝聚态方面取得了大量成就。

1. 超导体研究的重要贡献

1911 年，荷兰物理学家 H. 开默林·昂内斯（Heike Kamerlingh Onnes）发现，当温度降至 4.2K 以下时，汞的电阻突然变为零，还发现汞和锡的合金在加入杂质后也具有这样的性质，因而发现了物质在超低温情况下会变成超导体。超导体的发现对于无能耗导电和输电无疑地具有极大的优越性，可以大大地提高输电和电动机械的性能，因而引起了人们的极大关注。目前，人们已经发现了 28 种元素和几千种合金和化合物具有超导性，并且在向不断提高超导的临界温度努力，以期望能达到接近室温的水平，这无疑是一个极其诱人的前景，吸引了越来越多的科学家的参与。

后来人们发现，外加磁场对于物质的超导性有一定影响，当超过某临界磁场强度 H_C 时，超导性会破坏而变为正常态。此外，人们还发现超导性与温度有关，当温度升高时临界磁场的强度会降低，其关系式为 $H_C = H_o [1 - T/T_c]$，式中 H_o 为绝对零度时的临界磁场强度，T_C 为临界温度。

超导体中的电子分为两部分，一部分为普通导体中的电子，遵守欧姆定律，另一部分为有超导性的电子，运动时没有阻力，为超导电子，后来有的科学家根据这个想法对超导体中电子运动的机理和性质，做了深入的研究。此外，人们还发现超导性质与材质含的杂质数量有关。

① 伦敦超导理论的非局域化和 A. B. 派帕德的超导理论

卡文迪什实验室在超导体方面的研究，是从 P. 卡皮查在 1933 年建立蒙德实验室前后开始。那时他除了研究高压电磁场之外，还对低温超导和超流体发生了兴趣，发明了活塞式膨胀机的氦液化器，特别对超导体温度再降低时出现的物质超流性兴趣更大。这项研究终于在他回苏联后，作出了决定性的发现，而于 1937 年发现氦的超流动性，这时液氦内部及其与容器之间摩擦力消失。他于 1978 年获得诺贝尔物理奖。在 P. 卡皮查于 1934 年回苏联后，蒙德实验室由 J. D. 考克饶夫领导，主要研究高压电磁场和加速器。第二次世界大战后，在 1945 年和 1947 年先后由 J. F. 艾伦（J. F. Allen）和 D. 商伯格（D. Shoenberg）任主任。J. F. 艾伦和 D. 商伯格都是研究低温超导体的，他们研究 λ—跃迁点之下的液氦性质，由于对液氦此时出现反常的高导热性的研究，导致其喷泉效应的发现，因而表明热流和材料流是密切相关的。他们还发现了液氦通过小孔时几乎没有粘滞性，因而提出了液氦含有超流成分的概念。约在同时，P. 卡皮查在莫斯科也发现了液氦的超流性。

D. 商伯格是研究超导体磁性的，他研究了水银胶体中小超导粒子的磁化率，与 E. T. S. 阿普雅尔德（E. T. S. Appleyard）等人研究超导体薄膜性质几乎同时进行，他们确认了伦敦兄弟（Fritz London，Heintz London）的超导电动力学理论。1935 年，伦敦兄弟根据超导体中的电子由正常电子和超导电子组成的

想法，提出了超导体电动力学方程组

$$\frac{\partial J_g}{\partial t}=\frac{C^2}{4\pi\lambda^2}E$$

$$\nabla\times J_g=-\frac{C}{4\pi\lambda^2}H$$

式中 J_g 为超导电流，C 是光速，$\lambda=\left(\frac{mc^2}{4\pi n_g e^2}\right)^{1/2}$ 为伦敦穿透深度，n_g 为超导电子密度，m、e 为电子质量和电荷。对于直流电，从前一方程可直接算出电阻率为零，所以该方程反映了理想超导体导电的实际情况。由后一方程，可以得出在超导体表面附近，磁场是按指数规律衰减的，穿透深度为 λ，为 10^{-6} cm 数量级，超导体内部的磁场为零，因此后一方程反映了理想的超导体的抗磁性事实。从伦敦方程可以看出，超导体存在电磁场穿透层，当超导体的厚度与穿透层深度 λ 接近时，磁场会透入其内部，因此小超导体不具有完全的抗磁性，其临界磁场强度高于大的超导体。但是在过去，人们已经发现锡和铟等超导体的 λ 测量值及临界磁场与超导体大小的关系，只与伦敦理论的预言定性地符合，在定量上存在差异，有的连定性的也不符合。

由于伦敦兄弟的超导体电动力学方程已经被普遍认为超导体研究指导性的理论，被广泛地采用，并且基本上与事实符合，而得到超导体研究界的公认。D. 商伯格等的有关研究由于第二次世界大战的爆发，而中断下来，因为研究人员都转到战争期间的军事研究和技术岗位。在大战结束后开始恢复，1947 年 J. F. 艾伦到圣·安德鲁斯大学任教授，D. 商伯格继任蒙德实验室主任。A. B. 派帕德在此后的超导研究上取得了重要的成绩。

A. B. 派伯德在 1941 年从剑桥大学物理系毕业后，进入英国的雷达研究和发展站工作，负责天线设计工作，因而对大战期间发展起来的微波雷达和微波技术很熟悉。那时，微波雷达波长已进入40厘米范围，由于其高频性能，不但发射的距离大，而且灵敏度和清晰度高。在1945年回到卡文迪什实验室攻读研究生期间，A. B. 派帕德在导师D. 商伯格的指导下，研究微波电磁场对超导体表面的穿透性，以及温度和杂质对超导体的表面电阻率的影响，经过精确的测量发现伦敦理论具有较大的局限性，必须予以修改和发展。为此，他提出相干长度概念和非局域性的推广。

A. B. 派帕德用微波技术对一系列超导体表面的阻抗及穿透深度的相干长度进行了精确的测量，发现超导体中的磁场非局域效应应当与正常金属中的反常趋肤效应相似，因此对超导体某点r的超导电流密度的表示式为

$$j_g(r) = -\frac{3}{4\pi\xi_{\circ}} \times \frac{C}{4\pi\lambda^2}\int \frac{R}{R^4}\{R.A(r')\}\exp\left(-\frac{R}{\xi_P}\right)dz$$

式中 $R = r - r'$，A（r'）为点r的矢势，$\xi_{\circ}$为纯超导体中的相干长度，λ_L为伦敦穿透深度，相干长度 $\xi_P^{-1} = \xi_{\circ}^{-1} + (\alpha L)^{-1}$，其中L为正常态时超导体电子的平均自由程 $\alpha = 0.80$. 因此，当 $L \gg \xi_{\circ}$ 时，$\xi_P \approx \xi_{\circ}$；当 $L \leqslant \xi_{\circ}$ 时，$\xi_P \approx \alpha L$；由此可说明超导体穿透深度λ与纯度的关系，以及磁场对λ的影响。在绝对零度附近，A. P. 派帕德的相干长度与伦敦的穿透深度的计算结果相比，可以下表表示：

金属	派帕相干长度 $\xi_{\circ}$ (10^{-6}cm)	伦敦穿透深度 λ_L (10^{-6}cm)	$\xi_{\circ}/\lambda_L$
锡	23	3.4	6.2
铝	160	1.6	100
铅	8.3	3.7	2.2
镉	76	11.0	6.9
铌	3.8	3.9	0.98

可见，在大多数金属上，A. B. 派帕德的相干长度比伦敦的穿透深度约大1个数量级。如果说伦敦的穿透深度是超导体的一个基本的长度，则A. B. 派帕德的相干长度是随空间变化的磁场中在该长度内能隙参数不能急剧地变化的距离的量度。派帕德还由此提出，在微波对超导体作用的深度或相干长度内，电阻不再是零，而随温度的降低逐渐减小，并与金属的纯度有很大的关系。因此，伦敦理论是局域性的，而A. B. 派帕德的理论则是非局域性的，对伦敦理论做了非局域性的修改和重要变革。

为了解释伦敦理论与实验结果相比出现的不符现象，苏联的V. L. 京茨堡（V. L. Ginsburg）和L. D. 朗道（L. D. Landau）在1957年得出定量形式的、包含A. B. 派帕德的许多想法却无视非局域效应的理论，这就是京茨堡—朗道方程。同年稍后，美国的J. 巴丁（John Bardeen）、L. N. 库珀（L. N. Cooper）和J. R. 施里弗（J. R. Schrieffer）提出了著名的BCS理论，可以对这两种理论做出一致的解释。不久，A. B. 派帕德又提出金属中的杂质能够缩短相干长度，这一说法在理论上得到确认，并且在生产肮脏超导体（dirty superconductor）上得到应用。

综上所述，A. B. 派帕德在修改伦敦理论和在超导体理论的发展上作出了重要的贡献。

② 费米面的发现

A. B. 派帕德在超导体研究上的另一重要贡献，就是提出了金属晶体存在费米面。

在基本完成超导体反常趋肤效应和其中电子的平均自由程大于高频电流的穿透深度的研究之后，A. B. 派帕德进而用微波技术研究金属单晶的表面电阻问题。在铜单晶表面电阻的研究上，他和他的几位助手发现在低温条件下，铜和其他金属表面对微波的吸收为传导的电子的特性所控制，也就是说存在控制大多数能量子的运动取决于它们的运动方向，这种测定与晶核点阵结构的 X 射线分析得出的信息相结合，就可以得出单晶体内电子运动的几何图形。这种图形是平面的，且因金属的不同而不同，这就是各金属晶体的费米面。费米面是描述金属中电子状态的动量空间中的等能面，它的能量等于电子系统的化学势，称为费米能量。

A. B. 派帕德考虑了金属的反常趋肤效应，当金属受到微波作用时，由于趋肤效应使微波的电场只存在于表面附近的薄层内。如果它是纯净的单晶，其内的电子平均自由程 L 大于趋肤层的深度 ζ。当 L》ξ 时，这相当于“切”下费米面上的电子速度近似于平行于表面的部分。因此测量各种情况下的表面电阻就可以取得它的费米面的信息，A. B. 派帕德就是用这种方法测出铜的费米面。为此，他构成了铜结晶的费米面模型。由于这些发现，A. B. 派帕德在 1959 年获得皇家学会的休斯奖章，并在 1960 年升任理论物理教授。

③ 超导体界面隧道效应的发现

1962 年，A. B. 派帕德的研究生 B. D. 约瑟夫森（Brian David Josephson）在研究电子对通过两块超导体之间的薄绝缘层的理论问题时，发现了超导体的隧道效应，人们又时常称之为约瑟夫森效应。

B. D. 约瑟夫森在 1961 年进入卡文迪什实验室做研究生，在 A. B. 派帕德的指导下研究超导体理论。他从一开始，就进行超导实验和理论两方面的工作，A. B. 派帕德建议他研究超导体在磁场中磁场穿透其表面深度及其随磁场强度的变化问题，这正是 A. B. 派帕德擅长并感到需要进一步搞清楚的问题。1962 年，N. F. 莫特邀请美国贝尔实验室的著名固体理论物理学家 P. W. 安德森（Philip Warren Anderson）来卡文迪什实验室任客座教授一年，并讲授固体与多体理论。在一次讲学中 P.

W 安德森讲了对称破缺新概念，对 B. D. 约瑟夫森的研究产生了很大的启发。

B. D. 约瑟夫森后来回忆说："我被对称破缺的看法强烈地吸引住，希望了解是否有着从实验上予以观测的方法。原始的对称性的存在，意味着绝对的相角中是不能观测的，却并不排除观测到的两个隔开的超导体的函数 F 之间存在相差的可能性。可是，考虑到粒子数与相位的测不准关系，说明了只有两个超导体能交换电子时才能观察到相位差 $\Delta\phi$，当我知道某些观测暗示了有一股超导电流能从两块超导体间的很薄的正常区流过时，我认为这个超导电流应当是 $\Delta\phi$ 的一个函数。在原则上，我了解应该怎样去计算这股超导电流，但是却认为计算太难，不值得去花很大力量尝试。不过我能够得出该电流与时间关系的定性的预言。"① 当 B. D. 约瑟夫森向 P. W. 安德森说明自己的想法后，后者把有人发表的超导体与正常金属之间势垒效应的论文给他看，他就用这种方法计算了两块超导体之间的势垒效应，得出他未料到的结果，就交给他的导师 A. B. 派帕德看。A. B. 派帕德对这种两块超导体之间的势垒效应自然很感兴趣，却感到对于一个研究生来说，不但难度很大，而且表述有欠清楚，就让他去找 P. W. 安德森，并说 P. W. 安德森比我要更聪明些。他们三个人对这个计算反复推敲，几次讨论，做了一些修改，就推荐出去发表了。

B. D. 约瑟夫森在这篇文章中提出，有薄绝缘层作为势垒的两块超导体，在限定的电压下会出现超导电流，而在零电压下却会出现直流的超导电流，因而有穿过势垒的隧道效应现象。他还指出，当两块超导体被很狭窄的正常区域隔开时，也会出现较

---

① B. D. Josephson："Review of Modern Physics", VoL. 46，(1974)，P. 251.

弱的隧道效应，因而预示了两块连接很弱的超导体之间存在隧道效应，例如点接触和有过渡桥的两块超导体就属于这种情况。

A. B. 派帕德建议 B. D. 约瑟夫森做实验，测量其超导电流的特性曲线，以便得到确认。P. W. 安德森在回贝尔实验室后同助手 J. M. 洛威尔（J. M. Rowell）用低电阻的超导体 n－p 结做实验，明确地验证了零电压时直流超导电流的存在，并观测到超导电流随磁场的变化与单缝光衍射的图形很相像。后来，S·夏皮罗（S. Shapiro）也证明了交流的超导电流的存在。这些实验验证了 B. D. 约瑟夫森的发现。

应该说明，B. D. 约瑟夫森在推算过程中，受到 V. L. 京茨基和 L. D. 朗道在 1950 年发表的用复杂的参数或波函数描述超导性的假设的启发，这一点很可能是他的导师指点的，因而把两个隔开的超导体函数之间的相位差（相角）与超导电子的存在结合起来，正是这个想法，导致 B. D. 约瑟夫森把超导波函数的相位看作几乎真实的和物理的东西。[①] 因此，他才考虑在什么样的情况下才能使相位成为可测量的，从而导致他计算弱连接超导体对的超导区域交换电子系统的性质，后来人们知道这就是约瑟夫森结。

超导体隧道效应的发现，不仅解决了超导体理论的一大问题，而且为制成高效能和高速度的微电子器件提供了重要的途径，因而引起国际上物理学界的高度重视，日本在 80 年代末已经研制成约瑟夫森效应器件。B. D. 约瑟夫森因为这个发现，于 1973 年获得诺贝尔物理奖。

---

① B. D. Josephson: "Modern Scientists and Engineers", Vol. Ⅱ, McGraw Hill,（1980）. P. 143.

2. 半导体研究的重要成就

谈到卡文迪什实验室在半导体方面的成就，人们自然会想起N. F. 莫特在非晶半导体理论和材料上的研究工作。

N. F. 莫特在1936年开始研究半导体之前，已有人在20年代用方铅矿石制成无线电接收器，它的作用是可以整流。后来，人们知道像方铅矿晶体这样的材料不能说是金属，因此人们认为半导体不是金属，因为它不含有自由电子，却有少数电子很弱地束缚在某些位置上。一旦加热这些电子就会变成自由电子，A. 威尔逊（Alan Wilson）在1932年曾经对此作出解释。为此，N. F. 莫特和R. 格尔尼（Ronald Gurney）在一起研究后，于1940年出版了《离子晶体内的电子过程》一书，这是受德国哥廷根大学的R. 波尔（Robert Pohl）的鼓舞写的。R. 波尔曾经研究过氯化钠和氯化钾结晶，它们是透明的，可是如果放在金属蒸汽中加热就呈现深的颜色，其中氯化钾结晶变成兰色，显然是因为其中含金属多了的缘故，即结晶中有有颜色的中心，德国称之为“Farbzentren”，因此人们称之为“F—中心”。1937年在布里斯托尔大学召开的国际固体物理大会上，N. F. 莫特与R. 波尔等人讨论了这个问题，认为那是缺少负离子（如氯的负粒子）并被一个电子取代的缘故。因此，N. F. 莫特和R. 格尔尼写了上述书，提出杂质的存在能够深刻地改变材质的性质，使它成百万倍地变好、变强和使之带颜色。因此，首先研究这个现象的R. 波尔堪称固体物理的第一位真正研究者，对于了解半导体起了重要的推动作用和改进作用。

1933年到布里斯托尔大学之后，那里的H. 斯金纳（Herbert Skinner）实现了金属发射软X射线，支持了该大学物理系的F. 布洛希（F. Bloch）和R. E. 皮尔斯（R. E. Peierls）

等的固体电子理论，建立了固体物理中心。这个中心不久以N. F. 莫特为首领，他们的最初工作是研究跃迁金属、F—中心理论、激子、肖特基势垒和金属氧化物等。N. F. 莫特早在上大学时，就认为金属中的电子是自由的，而在绝缘体中的电子则束缚在键中或离子上。后来，量子力学的出现和F. 布洛克等用通过材质运行的波函数描述电子，其中晶体点阵的周期性场将能态分割成由间隙分开的区域，绝缘体不过是所有的区域或者是空的，或者全被占据，准确地说就是许多电子必须在一个方向运动，就像在相反方向运动的那样。这个模型在为半导体技术提供概念性的骨架上是很成功的，但是对于像氧化镁这样的材料来说却有困难，因为它们部分地含有充满的区域，事实上不是金属，而是透明的绝缘体。N. F. 莫特认为，在某些情况下这种带理论是不合适的，因为部分地充填的带不需产生金属导体，如果固体中的电子密度能够是不同的，则在那里会是从金属向绝缘体的不连续变化，这种跃迁形式称为莫特跃迁。这就是N. F. 莫特在后来的自传中说的，他“到布里斯托尔做了某种关键性的工作，这个工作导致了晶体管的发明，不幸他未因此获得诺贝尔奖”。[①] 不过，因此我们可以说N. F. 莫特是发明晶体管的先驱者，因为晶体管是美国贝尔实验室的W. B肖克利（William Bradford Shockley）、J. 巴丁（John Bardeen）和W. H. 布拉顿（Walter Houser Brattain）在1947年正式发明的。

N. F. 莫特没有因为发明晶体管而获得诺贝尔奖，但是他的半导体知识却为后来发明非晶半导体提供了条件。

W. L. 布拉格从卡文迪什实验室退休后，留下了多方向发展的大摊子，核物理的人数仍然最多，分子生物学取得了重大成

---

① N. F. Mott：“A Life in Science”，Tatlor Francis London，（1986），P. 190.

就却与物理学的偏离越来越大，射电天文学又迅速向宇宙学发展，结晶学虽然建立起来却在后来存在的必要性似乎不大了。要收拾这个复杂的局面，并按剑桥大学领导的意图转向以固体物理为主的研究方向上来，既要采取果断的措施，又要做好有关的一系列工作，这个大转变花去了莫特 8 年的时间才基本解决。但是，那时他又兼任冈威耶——凯斯学院院长的职务，直到 1965 年卸任后，他才腾出手来真正研究半导体，而在半导体和超导体理论上颇有造诣的 P. W. 安德森被他请来任客座教授，对于他的半导体研究起了一定的作用。

N. F. 莫特的非晶半导体研究对于他本人而言有三个原因，第一个原因是他研究过金属—半导体跃迁，第二个原因是用变动固体中的电子密度方法，如改变硅或锗晶体中的含磷量，第三个原因是从活性到非活性金属导电的发生并不是预言的导电活性的不连续变化，这是由于原料物质空间中的无规则位置引起的。N. F. 莫特由于这些前期的工作，以及半导体科技在五、六十年代的极大发展，激起了他的浓厚兴趣，而 P. W. 安德森在 1958 年提出的某些无规则点阵结构中缺乏扩散的理论又与此有直接关系。J. M. 兹曼（J. M. Ziman）的液态金属电阻理论说明，对于某些系统而言定量弱散射理论是可能适用的，N. F. 莫特认为这种理论在散射强的时候会有用的，如用于液体汞等。于是，就出现了玻璃或任何非晶材料怎样才会成为透明的或半导体的问题，因为在 F. 布洛克的理论中说的间隙决定于 W. L. 布拉格的晶体点阵中电子反射程度。N. F. 莫特早在 20 年代提出的对于化学键中接纳的所有电子而言，玻璃中的所有原子有着合适的邻近电子数，在这里起了一定的作用。他对非晶材料的理解在 1967 年预见了将局域化态和非局域化态分隔的“迁移性边界”、“8—N 规则”和“最小金属导电性”，他试图将这些概念综合起来构成控制像玻璃这样的非晶半导体的规律，最后终于在

1967—1968 年间提出了他的非晶半导体理论，并且在玻璃等非晶材料上取得了成功，大大扩大了廉价半导体材料的来源。为此，他于 1977 年获得诺贝尔物理奖。

根据 1996 年的报导，现任卡文迪什教授 R. F. 弗伦德（Richard Henry Friend）在有机聚合物半导体材料上有了重要的发现，在将半导体材料从无机物扩大到有机聚物方面有很大贡献，其性能在很多方面甚至更加优越，使半导体材料发展到更广阔的领域。为此他获得了 1996 年度欧洲物理学会奖。

卡文迪什实验室在凝聚态物理研究上有不少引人注意的成就，只是由于笔者近年来了解较少，而且对于它们的详细情况一知半解，只能割爱留待以后补充了。

十

在科学管理上对现代科学革命的贡献

卡文迪什实验室作为现代科学革命中的一支主力军，不仅在科研成果和培育杰出科学人才上贡献卓著，而且在科学管理上根据科学发展各阶段的特点，采取了一系列行之有效的组织措施和方式方法，积累了很丰富的经验，并且在国际科学界产生了很大的影响，大大推进了现代科学革命的深入发展。为此，有必要就该室在科学管理上的主要贡献予以介绍和说明。

根据120多年来卡文迪什实验室的成功发展历史，在科学管理上主要可分为两个大的方面，一个方面是方针政策、传统和学风的演变，另一个方面是组织和管理，两者相辅相成，形成有机的结合，取得了很大的成功。

1. 方针政策的制订与发展

麦克斯韦就任第一任卡文迪什教授之后，他的第一件工作就是为卡文迪什实验室制订了正确的宗旨和方针政策，这个宗旨始终引导该室成员相继地走上思想活跃和选题广阔的研究之路。这些方针政策又逐渐地成为人们治学的规范和准则，而不断得到发扬和丰富，形成了优秀的传统和学风，从而成为该室能够持续取得成功的精神保证。这两方面较之其他众多的现代科学组织与学派表现得极为突出。

① 博大的宗旨和具远见卓识的方针

牛顿力学的成就使英国理论物理和数学兴盛了200多年。电磁感应的发现、热力学的兴起和辐射研究，使牛顿力学面临一系列意外和危机，欧洲大陆实验物理的出现，使英国的物理学相形见绌。为了在科学发展十字路口上寻觅正确途径，英国政府和剑桥大学选择了实验物理作为突破口，这个选择的重要性在于它正确地预见了现代物理的本质是实验的，因而具有正确的导向作用。几乎从一开始，剑桥大学就以“主的作为是博大的凡对其中感兴趣的东西在这里都要予以探索出来”作为该室宗旨，从而显示出研究对象的范围广大，有发挥各种人才能的灵活性和多样性，并有广揽优秀人才的气量和卓识。

麦克斯韦作为理论物理大师转向实验方向，担任第一任卡文迪什教授兼室主任，体现了他的深邃洞察力和献身精神。他就任后提出以实验物理为基础进行理论与实验结合、研究实验与演示实验结合、科研与教学结合，提出前沿研究必须自制仪器和自己动手实验，以及在大学内进行学术交流和提倡科学批判精神等方针。这些方针对该室消除认识上的片面性，培养独创精神和能力，通过研究造就优秀高级人才，通过交流掌握前沿发展动态，并用批判精神进行起源性和创造性研究起了决定性作用。这一切在后来变成该室优秀传统。

② 卡文迪什教授和指导的高标准选择

该实验室所以能经久不衰和持续取得重大科学成就，与其对负责人的高标准和严要求的选择关系至大。根据至今九届卡文迪什教授的评选过程，可以将其标准归纳为四条：一是学术上成就卓著并善于指导该室和研究人员沿有成果的道路运转；二是选择下一阶段主研究方向上的主要代表人物（专长和学派）为卡文迪什教授；三是在国际上有崇高威望；四是对英国和剑桥大学的决策有重要的影响，这四条缺一不可，宁缺毋滥。历届负责人的选择由剑桥大学的评选委员会负责，首先确定下一步该室的发展方向，按发展方向物色人选名单，依次与候选人磋商，然后确定。候选人挑选面向全国，以剑桥出身的颇富成就和有管理能力的物理学家为主要对象，撇开非学术性因素和人事纠纷。因此，按这四个标准所选之人肯定会有能力和威望，对内有强大凝聚力，对外有很大吸引力，能够领导该实验室走上成功之路。九届卡文迪什教授中，除麦克斯韦外，有 2 个勋爵或男爵、7 个爵士、5 个诺贝尔物理奖获得者。

③ **研究方向的确定。**

一个科研组织能否在学术上取得成功，研究方向的选择至关重要。选择该室的发展方向，首先与选择卡文迪什教授一并考虑的，关键因素是物理前沿下一步发展的动态和富于突破性的领域及在这方面有开拓性贡献与有领导能力的优秀物理学家，以及该室前一阶段的人员结构、知识基础和设备能力。历届选聘中争议最大的是卢瑟福突然去世后的发展方向与负责人选问题。那时的卡文迪什实验在核物理上称著全球，人才济济，一般看来继续沿此方向重点发展是必然的；但是，评选委员会经仔细研究，考虑到英国财力见绌，无力发展堪与美国相比的大型加速器，而卢瑟福培养的骨干已经纷纷到它校任教授，为此在人力和财力不足情况下决定转变方向，确定选由晶体物理学家 W. L. 布拉格出任，他意识到自己的过渡使命，在广开思路和实行民主管理的条件下，支持了分子生物学和射电天文学的发展，并为固体物理研究打下了基础，以致从 N. F. 莫特任第六任卡文迪什教授后，相继将主要发展方向转到固体物理和凝聚态物理，与晶体管发明后半导体和凝聚态研究大发展的情况相适应。事实证明，这样的选择是颇富成果的和正确的，但是他们都遇到核物理学派的竞争和非议。

④ **自制仪器自己动手实验**

对于一个面向前沿突破的科研组织而言，这是一个非同小可的原则问题，因前沿新突破研究几乎没有现成的合适仪器可供利用。工欲善其事必先利其器，麦克斯韦提出的这个方针，后来成为该室的一项重要传统，即花最少的钱研制自己研究必需的仪器和设备。在这方面卢瑟福尤为擅长，没有他为J. J. 汤姆森制作的仪器，发现不了电子；没有他领导研制的计数器、闪烁器、半自动云室，证实原子的存在、发现原子核和轻元素人工嬗变等是不可能的；显然，没有第一台加速器的发明，不但重元素的人工嬗变不可能实现，而且质能等当定律的验证也不可能这样快地实现。因此，对于实验科学家而言，有什么样的仪器设备，就会有什么样的科学发现。在前沿科学研究上，往往没有合用的现成仪器和设备，需要及时研制才行，所以自制仪器和自己动手实验的方针是极其重要的，也是该室成功的秘诀之一。

⑤ 科研与教学有机地结合

卡文迪什实验室既然又是剑桥大学的物理系，自然肩负科研与教学的双重任务，那么他们是怎样处理科研与教学之间的关系呢？从麦克斯韦起就制定了研究实验与教学实验结合的方针，瑞利男爵则进而用正规的大班实验教学和使学生参与系统测定电流、电压和电阻的单位标准将两者有机地结合起来。将研究精神注入教学是麦克斯韦提出的结合精髓。低年级以教学为主，高年级以研究为主，一门课分几个专业部分，分别由有专业研究的专家讲授，既培养了学生的基础知识，又学会研究方法，为以后从事科研和教学打下良好基础，同时便于研究人员搞清基本概念和使知识系统化，并且发现人才。这对于高年级的大学生和研究生而言，通过参与科研活动和进行实验研究，即在实践中学会怎样进行研究，特别是创造性的研究，不但增长了活的知识，而且是比较深刻和牢固的知识。博士论文本身，在这里就是前沿突破口的重要研究项目，在导师帮助下，一旦创造性地做出了成果，往往对科学 的发展起重要推进作用。因此，有人说："在卡文迪什实验室，一个学生就得到诺贝尔奖，真奇怪了!”其实，只要了解这个实验室的将科研和教学有机结合的管理机制，就会明了这一答案。

卡文迪什实验室将科研和教学有机地结合，告诉我们一条经验：通过教学讲授只能培养一般的人才，只有通过研究才能培养优秀的高级人才。F. H. C. 克里克发现DNA双螺旋结构和B. D. 约瑟夫森发现半导体隧道效应，就是在做研究生时作出的成果并获得诺贝尔奖，从而说明了该室将科研和教学有系统结合的优越性。

⑥ 善于选择人才和研究课题

卡文迪什实验室既然肩负科研和教学双重任务，并将科研纳入教学过程中，就为选拔优秀的科学人才奠定了广泛的基础。又由于研究生来自世界各地，并经过了严格挑选，一般都具有很好的专业知识基础。他们选拔人才的标准，可以号称培养人才大师的卢瑟福为例。他选择人才一看知识基础，二看是否具有起源性研究和创造性能力的素质，特别在研究生毕业后，他主张先让他们到其他大学工作一段，一则了解它处的风格和特长，二则在剑桥之外锻炼他们创造性工作的能力，只有当他们在别处显示突出的研究能力和研究上有突破的成就时，才请进来。

卡文迪什实验室从开始时的几个研究人员到现在的四、五十人的稳定科研骨干，都是从流动的辅助研究人员中经过筛选才选出来的。他们始终保持多至五、六百人的博士后、研究员（research fellow）和访问学者流动队伍，这些人在这里就其所长从事研究，到期（3—5年）即离去，但却从中选择那些最有发展前途并显示出有独特创造性的人才补充骨干队伍，然后再视其创造性和工作需要晋升为讲师，成为稳定的研究骨干班子的成员。所以，善于选择人才的管理体制和方法，是该室不断处于世界科学前沿和取得成功的关键性原因。

卡文迪什实验室历任卡文迪什教授十分关注科研课题的选择和成果的鉴定与发表，因为每个课题瞄准的是前沿突破口或空白点，一旦取得成果，就具有重要科学价值。根据笔者的研究和归纳，他们的选题有以下几个原则：有的放矢切中要害、富于原创性、量体裁衣、题小意义大、立意新颖、题目醒目、与其他课题组成系列、为学科共同体所容（特殊情况例外）和有实现的可能性与现实性。此外，还应有几大忌讳，其中主要有忌讳大而空脱离实际、不了解国内外前沿研究动态和突破口、自己无兴趣和失去自由创造性、无新意与无创造性的课题等。W. L. 布拉格曾经告诫他的助手，选题时要注意：一不要赶时髦，二不怕做理论家认为笨拙的实验，即要求研究人员按科学研究的需要和自己的兴趣选题，不要轻易被外面的思潮和意见左右而改变研究课题和研究方向。

卢瑟福不论在过去还是担任皇家学会主席和政府要职期间，无论多么忙，他都抓紧研究人员选题、研究中的问题、成果和论文的审查不放。每到休假，他回来时总带着下一步研究的课题清单，但只有在与研究者自己选的课题基本一致时，他才说出来，以便尊重和启发研究人员的主动性和创造性。

⑧ 严谨民主的学风及宽松的治学气氛

剑桥学派以治学严谨闻名于世，作为这个学派的核心，卡文迪什实验室一向以实验准确、根据可靠和立论稳妥而闻名。麦克斯韦在就职演讲中就强调“最终的目的是测量我们已经看到的东西，以取得某种大小的数量估计”。实验要准确和可靠是卢瑟福等历任卡文迪什教授十分注意和严格要求的问题，并由此引发出理论必须建筑在可靠的实验数据基础上。

该室在研究上要求十分严谨，但在做学问上却提倡自由、宽松的治学气氛和尊重大家的特长和兴趣。例如，J. J. 汤姆森在1893 年建立卡文迪什物理学会，每两周举行一次研讨会，由研究人员和有研究课题的研究生报告论文及国内外有关研究的进展。1895年建立每天午后茶时漫谈制，可以自由谈论除物理之外、太阳之下和地球之上的任何问题。这个制度不久被各国科学组织采用，现在改称午后咖啡时漫谈会。此外，还有每年元旦前夕的聚餐报告会、各种定期学术讨论的“俱乐部”（例如每两周一次的卡皮查俱乐部讨论会）等。这些活动对该室研究思想极其活跃起了很大作用，剑桥学者以在悠闲中治学而自豪，因为在他们看来，科学上的智慧不是逼出来的，而是在交流、漫谈和悠然自得的阅读或偶然的感触中出现的，只有这样的气氛才能真正发挥研究人员的创造性思维。

⑨ 兼顾主导研究方向和其他具有创造性的新思路

尽管每一届卡文迪什教授任期内，都有一个或几个主要研究方向，但是他们特别注意鼓励和支持对其他研究方向有特长和爱好的研究，并将拓宽的新思路和开创的新研究领域作为选择新主要研究方向的因素之一。例如，研究气体放电的J. J. 汤姆森支持卢瑟福研究无线电收发和放射性辐射的组成和性质，结果导致放射性元素衰变、原子核和原子能的发现；卢瑟福时期以核物理为中心，他却支持E. V. 阿普尔顿发现电离层、P. 卡皮查研究高强度磁场和低温物理，J. D. 贝尔纳研究X射线蛋白质晶体结构，W. L. 布拉格支持分子生物学和射电天文学等。他们在主研究方向之外支持其他研究课题，不但成果累累，而且开拓了许多重要的新科学领域，从而成为民主管理与集中管理巧妙结合的范例。现在该室有13个专业研究组，出现了多样化和丰富多彩的研究格局。

⑩基础研究成果转变为生产力问题

卡文迪什实验室过去一向以只考虑研究的科学性和科学价值为目的，对其应用不感兴趣，那时大英帝国可以为此提供其必需的各种条件。但是，两次世界大战将它的研究人员卷入军事科技研究和前线作战，甚至几任卡文迪什教授也参与了战时军事科技研究，这种参与使他们认识到科学对应用技术的重要性。卢瑟福虽然在该室内领导的核物理无直接的应用价值，但是他支持了许多有应用价值的课题，如无线电通讯、加速器、高强度电磁场、低温物理和蛋白质大分子结构的研究，并取得几个诺贝尔奖。他在兼任英国科学和工业研究部顾问委员会主席期间，大力倡导工业部门建立工业研究实验室，甚至亲自去动员和筹划，对英国30年代的工业经济发展起了一定的作用。W. L. 布拉格和N. F. 莫特是研究固体物理的，卡文迪什实验室确定这个方向本身就反映了该室在第二次世界大战之后的战略转移上，向基础与应用结合发展。他们由于自己专业的性质，与工业界联系密切，产生了在两者交叉点上选题，一方面易于得到资助和基金，另一方面在金属、晶体、遗传基因分子结构、断裂力学、金属压延成型、材料缺陷、半导体、超导体和非晶半导体等方面，对企业的新技术开发发挥了很大作用。在A. B. 派帕德和S. F. 爱德兹时期，以凝聚态和固体物理为主，在表面材料、超导材料、聚合物和多体材料及微电子元件与器件研究等方面，都有较大贡献。非晶半导体材料和约瑟夫森效应的发现，又为新的半导体材料和新器件发展提供了依据。该室在1989年开始，首次与国外公司——日本的日立制作所合作，建立微电子研究组大楼，并已制成量子场效应器件，从而显示出与国外合作的动向。

按照科技发展的新动向调整研究方向和选择研究课题，以及与工业界联合，成为该室当前发展的一个趋势，而把是否获得诺贝尔奖放在次要地位。

2. 科学组织与管理方法

按照各个时期科学发展的特点和科研与教学要求，适时地改变科研的规模和管理方法是卡文迪什实验室取得成功的重要原因。为此，每当卡文迪什教授换届时，剑桥大学根据物理发展的动向和该室的人员与设备情况，经过反复磋商和研究后，确定该室下一阶段的主要发展方向，然后根据新的方向面向全国选择这方面最优秀的物理学家出任新卡文迪什教授，继而调整该室的组织和管理方式。卡文迪什实验室科学研究的规模、组织和管理的经验，对现代科学革命和科学发展产生了深刻的影响，因而值得着重予以介绍和说明。

①科研规模的演变

在19世纪末之前，科学研究是以科学家个人为主的形式进行研究，后来主要由于实验设备的日益增大和复杂，进行实验和研究远非一个人所能承担，因而按照实验的要求进行合作的各专业科学家的人数和组织变得越来越大。即使在理论科学上虽仍然保持以科学家个人为主的研究形式，但是相互交流、研讨变得比过去更加重要和频繁，理论研究所的兴起和学派增多，也说明这个依赖个人智慧的领域在科学组织和活动方式上需要群体的努力。

在1895年之前，卡文迪什实验室的实验仪器特点如A. 伍德（Alexander Wood）所说的，以第三代瑞利男爵家中的私人实验室的密封腊—线绳—玻璃杯为代表的水平，在这种水平上，一个科学家或许在一、二个助手帮助下就可以进行实验研究，因此，我们可称其为个人研究的手工业科研时期。①

---

① A. Wood："The Cavendish Laboratory，" Cambridge，（1946），P18.

1895 年既是现代科学革命伊始的年代，也是卡文迪什实验室面向世界招收研究生并进行合作实验研究的起点。在这时之后的实验仪器水平已经进入电动机械仪器为主的时期，几个人或十来个人合作或协作研究一个问题的情况上升为主要的地位，我们可以称之为小规模的电动仪器研究时代。这个阶段的实验仪器有阴极射线管、云室、计数器、闪烁器和质谱仪等。小规模的科研集体使卡文迪什实验室不但出了不少重要成果，而且培养了很多实验物理和化学人才，并成为世界性科学组织，使该室从国内走向国际而闻名天下。

1930 年是卡文迪什实验室试制成第一台加速器——直线高压倍加器的年代，这是为了加速 α 等粒子打破重元素的原子核以改变元素而创造的设备，其结构与过去的简单电气机械仪器相比，要复杂、精密和庞大得多，简直可以说是台大机器。为了进行核物理实验，不但需要核物理学家、化学家，而且需要电气工程技术人员、技工和理论物理学家，也就是说需要许多专业的多种类人才。此外，还需要电机房、防辐射大水箱和维修人员等。因此，加速器的发明和利用在现代科学发展史上起了新里程碑的作用。所以 J. G. 克洛瑟说："大规模科学开始于卡文迪什实验室中考克饶夫在粒子加速器上的工作。"① 卢瑟福早在 1937 年就指出，加速器的出现引起了"纯科学在过去 20 年中研究规模的明显变化"，并且还说："这种专业组工作似乎是未来更精心研究的特征。"② 今天我们说的"大科学"（big science）是在"大规模研究"（Large scale research）的基础上演变而来的，它是指很多不同专业的科学家和助手分工合作用大型实验设备进行实验

① J. G. Crowther："The Cavendish Laboratory", Science History Publications, New York,（1974）, P. 266.

② E. Rutherford："Nature", Vo1. 141, No. 3558,（1938）, P. 61.

研究的规模。

通过上面所说的科学发展三阶段可以看出，科学研究的规模和组织的发展是由研究人员、专业和实验设备决定的，三者之中以实验设备的复杂程度最为重要。谈到科研规模和组织，人们自然会联想到曼哈顿计划、劳斯阿拉莫斯实验室、阿波罗计划和星球大战计划，以及目前的欧洲尤里卡计划，这些也被有的学者称之为大科学。我们说，它们已经发展成全国性和国际合作的科学研究规模，跨越了几乎各个学科，参加人数达几十万人之多，因此属于超大规模的科研规模，而不再是一个科学组织的大规模研究形态。

② 科学管理组织方式的演进

在卡文迪什实验室的历史上，历任卡文迪什教授的领导模式基本上可以分为两种：民主管理模式和集中管理模式，两种模式基本上呈交错推进的。例如，J. C. 麦克斯韦的学风比较民主，注重个人的创造性，而瑞利男爵则引进美国的工业管理方式——有组织的教学和研究。J. J. 汤姆森尊重和发扬来自各个地方的文化传统和治学风格，创造了几种自由研讨的组织形式，而卢瑟福则是注重集中管理的代表人物，在这个前提下发挥各个人在不同兴趣和学科上的特长。W. L. 布拉格可以称得上民主管理的代表人物，培养和支持有发展前途的人和思路。N. F. 莫特自称他的管理方式是恢复了集中管理，采取了一些果断措施使科研和教学适应时代的需要，而 A. B. 派帕德则推崇 W. L. 布拉格的民主管理模式，让各专业组按照习惯自行运转，S. F. 爱德华兹则主张剑桥大学应当给系主任以更大的权力，加强领导。尽管他们在这两种管理模式的运用上，并不是绝对属于哪一方面，在程度上有所不同，但从基本上来说确实如此。这些做法往往是根据该室在各个时期内的实际情况采取的，因而呈现了科学管理模式也是波浪式地推进的。

从组织方法来看，J. D. 贝尔纳在卡文迪什实验室工作了十几年，他认为应当经常考虑两个问题，一个是科研归根结蒂是由个人进行的，因此应首先注意各个科研工作者的工作条件；另一个是科研为了造福于人类，因而需要最有效地协调各个人的工作。理想的办法是使每一个人都能在一个组织形式中尽其所能，这个组织形式要能够使他的工作成果发挥最大的社会功能，使整体组织的需要与个人要求自由的需要调和起来。[①] J. D. 贝尔纳的说法是经验之谈，很有道理。没有组织起来，完不成大的科研事业，没有个人科研特别是想法的自由就制约了创造性，两者有效地结合才是最需要的。

卡文迪什实验室的科学组织发展在近现代科学发展中具有代表性，应当着重予以介绍和说明。该室在1895年之前，像世界上其他科学研究方式一样，以个人研究为主，发现和发明是以科学家个人为单位进行的。现代科学革命从物理实验上展开后，复杂和精密的电动仪器，需要几个人或一组人合作，各个人完成他的部分工作，就出现小的科研集体——研究组或室，在其中尽量促使个人的思想活跃和创造性思维。加速器的发明和使用使研究人员按专业或大计划分开，形成几个专业组的协同和合作，在这个组织原则下发挥个人的自由能动性。但是大的实验设备和车间及研究总计划则是由室控制的，呈现集中领导和分散进行的特征。第二次世界大战之后，科学迅速发展，新学科涌现，人员大大增加，为此W. L. 布拉格组织了几个大的专业组，让每个大的专业组自成体系，有组长、秘书、小车间和科技人员与技术工人，使科研辅助人员不再是边外的配角，而成为大组的有机组成部分，增强了主人翁感。这样做的结果就是出现了大组系管理体

① J. D. 贝尔纳著，陈体芳译：《科学的社会功能》，商务印书馆，1982年，第261页。

制，整个实验室管财政，设有大的车间，掌管对外联系和总的研究计划，从而发挥了各专业组的自主意识和积极性。大组系管理体制的出现，大大推动了战后规模增大的科学发展，甚至对于超大规模的各种国家级计划的管理，提供了新的管理模式。

在40年代末出现的系秘书，后来发展到各大专业组，而形成专门管理财务、文件、打印、房屋和器材文具的秘书体制，负责行政事务。这种秘书体制需要的是有行政管理才能和有一定科学知识的人才，一般有大学毕业程度的、有管理能力的人就可以充任，而让研究人员集中精力于科研和教学，使系主任和卡文迪什教授从繁琐的行政事务中解脱出来，集中精力于方针、政策、宏观科研计划和对外关系，从而大大提高了管理的效率。

③ 系主任到底应该做什么

按照第二次世界大战后几任卡文迪什教授的看法，一个系或实验室的领导人的主要责任，不是花过多时间和精力去管繁琐的事务，去在各个组或人员之间玩弄平衡，而是如何去发现在某些方面有才能的人和研究思想萌芽，并给以支持，使他们作出重要的成果来。

N. F. 莫特认为，系的主任在天堂中的地位是为实验室作出正确的选择，而系主任的主要工作应当“做人才的后盾，而不是在各组之间玩得漂亮”。[①] W. L. 布拉格认为系主任的责任是发现研究人员的新思想，然后给予扶持，使其结出硕果。从中可以看出，一个科研组织的核心任务是作出创造性的科学发现，一切为此服务。一位卡文迪什教授任期内，如果不能作出一些前沿上的重大突破和开拓新的研究领域，就算是成效不大的。卡文迪什实验室所以能一直长盛不衰和声名显赫，这是一个具有根本

---

① N. F. Mott: “The Life in Science”, Taylor Francis, London, (1986); P. 163.

性的原因。

为了能够达到这个目的，系主任应当发现人才和新的思想萌芽，设法为他们找到经费、给以支持和为他们创造条件。为了能够有效地进行指导，W. L. 布拉格认为一个研究组人数应在6—10人之间，多了指导不好。他还认为，一个好的研讨班，人数以10人左右比较合适，太多了讨论不深刻，效果自然就较差，如果多到50人，就谈不到效果了。

将有限的科研经费用到支持创造性时期最旺盛的人才的创造性研究上，而把创造期已过的人转到教学上，使其得到调整和恢复，待有创造的可能时转到科研上。这个策略对于集中经费于有创造性的人，以作出重要成果显然是有效的。

N. F. 莫特认为，一个科学共同体需要的是思想清晰和敏锐的科学家，这种科学家能够告诉他的成员科学正在向何处去？需要为它做些什么？这就是系主任、研究组长和课题负责人应具备的条件。卢瑟福在去世前夕为他的英印科学家大会起草的主席致辞中这样说过，除去本人的科学贡献之外，一个科学组织的发展在很大程度上取决于它的领导人如何领导它沿有成果的道路进行工作和运转，这种人是极少的但却是本质的。这些切身体验之谈，道出了要领导好一个科研组织首要的是领导者有丰富的创造性研究和作出一批重大发明和发现的经验，并且深刻了解一班人马如何把力量集中到前沿科学的突破口上，开拓新领域和取得重大成果，只有这样才能够领导大家沿出创造性成果的方向和道路去拼搏。一个善于事务管理和协调各组矛盾的人，做行政事务管理较好，但做研究领导人就不行了。总之，不能领导一个科学组织去开拓新领域和出重大成果的科研领导者，不是一个好的科研领导者。

在现代科学队伍已经十分壮大和科学发展十分迅速的今天，科学管理起着很重要的作用。但是，只有那些既能发挥集体合作的优势，又能充分发挥研究人员自由研究和创造性的领导者，才能推动现代科学革命的发展。诺贝尔奖获得者大多出现在著名的一些科研组织之内，而很多又出自名师的指导之下，原因就在这里。

对于现代科学的发展而言，科学管理是重要的。至于如何去管理好，人们可以有各种各样的想法和说法，但最重要的是了解和分析已经取得成功的甚至持续成功的科学组织的管理经验，使科学管理的方法不是凭空构想和捏造的，而是经过实践证明确实是成功的，拿来参照和借鉴，才是真正可靠的。对此，卡文迪什实验室 120 多年来成功的科学管理经验，就具有十分重要的意义了。

图书在版编目(CIP)数据

科学革命与卡文迪什实验室/阎康年著.—3版.—太原:山西教育出版社,2012.1
(科学前沿丛书/甘师俊,陈久金主编)
ISBN 978-7-5440-5055-5

Ⅰ.①科… Ⅱ.①阎… Ⅲ.①物理学-实验室-概况-英国-普及读物 Ⅳ.①04-245.61

中国版本图书馆CIP数据核字(2011)第182440号

科学革命与卡文迪什实验室

KE XUE GE MING YU KA WEN DI SHEN SHI YAN SHI

责任编辑 郭志强
复　　审 薛海斌
终　　审 刘立平
装帧设计 王耀斌
印装监制 贾永胜

出版发行 山西出版传媒集团·山西教育出版社
（太原市水西门街馒头巷7号　电话:0351-4035711　邮编:030002）
印　　装 山西人民印刷有限责任公司
开　　本 850×1168　1/32
印　　张 6.875
字　　数 168千字
版　　次 2012年1月第3版　2012年1月山西第1次印刷
书　　号 ISBN 978-7-5440-5055-5
定　　价 13.00元
